[illegible]ES CHOISIES,

[illegible]LITTÉRAIRES,

[illegible] VIE RURALE,

[illegible] ATEURS CLASSIQUES FRANÇAIS
[illegible] QUES AUTEURS ÉTRANGERS,

[illegible] AUX EXERCICES DE LECTURE, DE RÉCITATION,
DE DICTÉE ET DE STYLE,

[illegible]ments d'instruction primaire et secondaire.

[illegible] M. J. Dusuzeau.

[illegible] le Cardinal Archevêque de Bordeaux,
[illegible] Évêques de Beauvais et de Saint-Dié,

PARIS,
[illegible] E. LACROIX,
[illegible] QUAI MALAQUAIS.

LECTURES CHOISIES,

MORALES ET LITTÉRAIRES,

SUR LA VIE RURALE,

EXTRAITES DES PROSATEURS CLASSIQUES FRANÇAIS
ET DE QUELQUES AUTEURS ÉTRANGERS,

Ouvrage destiné aux exercices de lecture,
de récitation, de dictée & de style,

Dans les Établissements d'instruction primaire et secondaire.

Par M. Jules DUSUZEAU.

Approuvé par Son Eminence le Cardinal Archevêque de Bordeaux,
et par NN. SS. les Evêques de Beauvais et de Saint-Dié.

PARIS,

LIBRAIRIE DE E. LACROIX,

15, QUAI MALAQUAIS.

—

1862.

APPROBATIONS ÉPISCOPALES.

ÉVÊCHÉ DE BEAUVAIS, 8 OCTOBRE 1862.

Les *Lectures choisies*, extraites de nos prosateurs classiques par M. J. Dusuzeau, sont l'heureux complément de son *Choix de Poésies*. L'intelligent compilateur y continue avec succès la mission qu'il s'est donnée d'inspirer le goût de la vie des champs et d'en faire aimer les austères et utiles travaux.

Nous verrions avec plaisir que ce petit ouvrage s'introduisît dans les écoles et qu'il y remplît le but que l'estimable auteur s'est proposé.

JOSEPH-ARMAND,
Evéque de Beauvais, Noyon et Senlis.

ARCHEVÊCHÉ DE BORDEAUX, 17 NOVEMBRE 1862.

Monsieur,

Je vous remercie de m'avoir fait connaître votre *Choix de Poésies* et vos *Lectures choisies*. Ces deux petits recueils, composés de pièces irréprochables, extraites de nos bons auteurs classiques, me paraissent propres à inspirer l'amour de la nature et de la vie des champs. Les jeunes lecteurs y trouveront de charmants modèles de littérature et des encouragements à la vertu.

Je me fais donc un plaisir d'unir mon approbation aux recommandations épiscopales que vous avez déjà obtenues.

Recevez en même temps, Monsieur, l'assurance de mes sentiments distingués.

FERDINAND, *Cardinal* DONNET,
Archevéque de Bordeaux.

ÉVÊCHÉ DE SAINT-DIÉ.

Les *Lectures choisies* de M. Dusuzeau ont un double objet : inspirer l'amour de la vie agricole, si favorable à la pratique de la vertu, et servir de base à un premier enseignement littéraire. Ce but nous paraît parfaitement atteint. Les morceaux recueillis par l'auteur font aimer la religion, la vertu et les travaux de la campagne. Par là se trouve heureusement complété le *Choix de Poésies* publié l'année dernière.

Saint-Dié, le 27 novembre 1862.

LOUIS-MARIE,
Evéque de Saint-Dié.

AVERTISSEMENT.

Ce Recueil, composé pour les élèves des écoles élémentaires, des colléges, des institutions agricoles et des écoles normales, considère l'agriculture au point de vue moral et religieux.

Pour que l'agriculture soit admise dans l'enseignement de nos écoles, il ne suffit pas qu'elle intéresse comme profession matérielle de première nécessité, il faut qu'elle puisse servir à l'éducation de la jeunesse. Or, elle y est éminemment propre : un grand orateur de l'antiquité l'appelle la maîtresse des bonnes mœurs, et les plus célèbres écrivains en ont exalté, dans tous les pays et dans tous les temps, les charmes et les bienfaits.

De nombreuses publications enseignent comment la théorie et la pratique peuvent résoudre de concert les questions que doit se poser le cultivateur moderne pour atteindre dans son art au plus haut point de perfection.

Mais il n'est pas d'ouvrage qui mette en relief la puissance civilisatrice dont l'agriculture est douée, qui explique le rôle providentiel qu'elle remplit, et qui fasse goûter la saine et féconde austérité des travaux rustiques.

C'est la tâche que s'est imposée ce petit livre.

Les morceaux qu'il comprend sont pour la plupart des modèles accomplis sous le rapport du goût et du style. Cette sévérité de choix les rend propres à être non-seulement la matière de lectures raisonnées, d'analyses, d'explications et de résumés, mais encore à servir à la culture et à l'ornement de la mémoire.

Ce Recueil a donc un double but : inspirer l'amour de la vie agricole si favorable à la pratique de la vertu, et servir de base à un premier enseignement littéraire.

J. D.

LECTURES CHOISIES SUR LA VIE RURALE.

PREMIÈRE SECTION.

MORCEAUX RELIGIEUX.

1. Action universelle de la Providence.

Contemplez le ciel et la terre, et la sage économie de cet univers. Est-il rien de mieux entendu que cet édifice? Est-il rien de mieux pourvu que cette famille? Est-il rien de mieux gouverné que cet empire? Cette puissance suprême qui a construit le monde, et qui n'y a rien fait qui ne soit très-bon, a fait néanmoins des créatures meilleures les unes que les autres. Elle a fait les corps célestes, qui sont immortels; elle a fait les terrestres, qui sont périssables; elle a fait des animaux admirables par leur grandeur; elle a fait les insectes et les oiseaux qui semblent méprisables par leur petitesse; elle a fait ces grands arbres des forêts qui subsistent des siècles entiers; elle a fait les fleurs des champs qui se passent du matin au soir.

Il y a de l'inégalité dans ses créatures, parce

que cette même bonté qui a donné l'être aux plus nobles ne l'a pas voulu envier aux moindres. Mais depuis les plus grandes jusqu'aux plus petites, sa providence se répand partout : elle nourrit les petits oiseaux, qui l'invoquent dès le matin par la mélodie de leurs chants ; et ces fleurs, dont la beauté est sitôt flétrie, elle les habille si superbement durant ce petit moment de leur être, que Salomon, dans toute sa gloire, n'a rien de comparable à cet ornement. Vous, hommes qu'il a faits à son image, qu'il a éclairés de sa connaissance, qu'il a appelés à son royaume, pouvez-vous croire qu'il vous oublie, et que vous soyez les seules de ses créatures sur lesquelles les yeux toujours vigilants de sa Providence paternelle ne soient pas ouverts ?

BOSSUET,
Sermon sur la Providence.

2　Spectacle de l'univers.

Il est un Dieu : les herbes de la vallée et les cèdres de la montagne le bénissent, l'insecte bourdonne ses louanges, l'éléphant le salue au lever du jour, l'oiseau le chante dans le feuillage, la foudre fait éclater sa puissance, et l'Océan déclare son immensité.

L'homme seul a dit : il n'y a point de Dieu.

Il n'a donc jamais, l'athée, dans ses infortunes, levé les yeux vers le ciel, ou, dans son bonheur, abaissé ses regards vers la terre? La nature est-elle si loin de lui qu'il ne l'ait pu contempler, ou la croit-il le simple résultat du hasard? Mais quel hasard a pu contraindre une matière désordonnée et rebelle à s'arranger dans un ordre si parfait?

Ceux qui ont admis la beauté de la nature comme preuve d'une intelligence supérieure auraient dû faire remarquer une chose qui agrandit prodigieusement la sphère des merveilles, c'est que le mouvement et le repos, les ténèbres et la lumière, les saisons, la marche des astres, qui varient les décorations du monde, ne sont pourtant successifs qu'en apparence et sont permanents en réalité. La scène qui s'efface pour nous, se colore pour un autre peuple; ce n'est pas le spectacle, c'est le spectateur qui change. Réunissez donc en un même moment, par la pensée, les plus beaux accidents de la nature; supposez que vous voyez à la fois toutes les heures du jour et toutes les saisons, un matin de printemps et un matin d'automne, une nuit semée d'étoiles et une nuit couverte de nuages, des prairies émaillées de fleurs, des forêts dépouillées par les frimas, des champs dorés par les moissons, vous aurez alors une idée juste du spectacle de l'univers.

Tandis que vous admirez ce soleil qui se plonge sous les voûtes de l'occident, un autre observateur le regarde sortir des régions de l'aurore. Par quelle inconcevable magie ce vieil astre, qui s'endort fatigué et brûlant dans la pourpre du soir, est-il, en ce moment même, ce jeune astre qui s'éveille, humide de rosée, dans les voiles blanchissantes de l'aube ? A chaque moment de la journée, le soleil se lève, brille à son zénith et se couche sur le monde.

CHATEAUBRIAND.

3. La raison humaine contemplant les œuvres de Dieu.

La nature humaine connaît Dieu : et voilà déjà, par ce seul mot, les animaux au-dessous d'elle jusqu'à l'infini. Car, qui serait assez insensé pour dire qu'ils aient seulement le moindre soupçon de cette excellente nature [1] qui a fait toutes les autres ?

La nature humaine, en connaissant Dieu, a l'idée du bien et du vrai, d'une sagesse infinie, d'une puissance absolue, d'une droiture infaillible, en un mot, de la perfection.

La nature humaine connaît l'éternité et des vérités éternelles, et elle ne cesse de les chercher au milieu de tout ce qui change : elle aperçoit l'ordre du monde, la beauté incomparable des astres, la régularité de leurs mouvements, les grands effets du cours du soleil, qui ramène les saisons et donne à la terre tant de différentes parures. Notre raison se promène par tous les ou-

1 La nature divine.

vrages de Dieu, où voyant, et dans le détail et dans le tout, une sagesse d'un côté si éclatante, et de l'autre si profonde et si cachée, elle est ravie et se perd dans cette contemplation.

Alors apparaît à elle la belle et véritable idée d'une vie hors de cette vie, d'une vie qui se passe toute dans la contemplation de la vérité : elle voit qu'elle doit réduire toutes ses pensées à une seule, qui est celle de servir fidèlement ce Dieu dont elle est l'image.

Mais en même temps elle voit qu'elle doit aimer, pour l'amour de lui, tout ce qu'elle trouve honoré de cette divine ressemblance, c'est-à-dire tous les hommes.

Bossuet.

4. Source des merveilleuses inventions de l'Homme.

Je ne suis pas de ceux qui font grand état des connaissances humaines; et je confesse néanmoins que je ne puis contempler sans admiration ces merveilleuses découvertes qu'à faites la science pour pénétrer la nature, ni tant de belles inventions que l'art a trouvées pour l'accommoder à notre usage. L'homme a presque changé la face du monde : il a su dompter par l'esprit les animaux qui le surmontaient par la force ; il a su discipliner leur humeur brutale, et contraindre leur liberté indocile. Il a même fléchi par adresse les créatures inanimées : la terre n'a-t-elle pas été forcée, par son industrie, à lui donner des aliments plus convenables; les plantes, à corriger en sa faveur leur aigreur sauvage; les venins même, à se tourner en remèdes pour l'amour de lui ? Il serait superflu de vous raconter comme il sait ménager les éléments, après tant de sortes de miracles qu'il fait faire tous les jours aux plus intraitables, je veux dire au feu et à l'eau, ces deux grands ennemis, qui s'accordent néanmoins à nous servir dans des opérations si utiles et si nécessaires. Quoi de plus ? il est monté jusqu'aux cieux : pour marcher plus sûrement, il a appris aux astres à le guider dans ses voyages : pour mesurer plus également sa vie, il a obligé le soleil à rendre compte, pour ainsi dire, de tous ses pas. C'est que Dieu ayant formé l'homme pour être le chef de l'univers, il lui a laissé un certain instinct de chercher ce qui lui manque, dans toute l'étendue de la nature. Comment aurait pu prendre un tel ascendant une créature si faible, et si exposée, selon le corps, aux insultes de toutes les autres, si elle n'avait en son esprit une force supérieure à toute la nature visible, un souffle immortel de l'esprit de Dieu, un rayon de sa face, un trait de sa ressemblance : non, non, il ne se peut autrement.

BOSSUET,
Sermon sur la Mort.

5. Influence morale de la vie champêtre.

Nous avons tous un goût naturel pour la vie champêtre. Loin du fracas des villes et des jouissances factices que leur vaine et tumultueuse société peut offrir, avec quel plaisir vivement ressenti nous allons y respirer l'air de la santé, de la liberté, de la paix !

Nous ne remarquons pas assez l'influence prodigieuse que la nature conserve encore sur nos âmes, malgré l'étonnante variété de nos goûts, et la profonde dépravation de nos penchants. Je ne sais, mais il me semble qu'à la campagne notre sensibilité devient et moins orgueilleuse et plus vive; que nous y aimons nos amis avec plus de franchise, notre femme avec plus de tendresse; que les jeux de nos enfants nous y intéressent davantage; que nous y parlons de nos ennemis avec moins d'aigreur, de la fortune avec plus d'indifférence. Est-ce en respirant la vapeur embaumée du soir, en se promenant à la lueur tranquille et douce de l'astre des nuits, qu'on peut ourdir une trame perfide, ou méditer de tristes vengeances ? Ce berceau que vos mains ont planté, où le chèvrefeuille, le jasmin et la rose entrelacent leurs tiges odorantes, ne l'avez-vous orné avec tant de soin que pour vous y livrer aux rêves pénibles de l'ambition ? Dans cette solitude champêtre qu'ont habitée vos pères, dans cet asile des mœurs, de la confiance et de la paix, que vous importent les vains discours des hommes, et leurs lâches intrigues, et leur haine impuissante, et leurs promesses trompeuses? Quelle impression peut encore faire sur votre âme le récit importun de leurs erreurs ou de leurs crimes?

BERGASSE.

6. Existence de Dieu.

1. Dieu a gravé si visiblement dans tous les ouvrages de ses mains la magnificence de son nom, que les plus simples mêmes ne sauraient l'y méconnaître. Il ne faut pour cela ni des lumières, ni une science orgueilleuse; les premières impressions de la raison et de la nature suffisent. Il ne faut qu'une âme qui porte encore en elle les traits primitifs de lumière que Dieu a mis en elle en la créant et qui ne les a pas encore obscurcis ou éteints par les ténèbres des passions, et par les fausses lueurs d'une monstrueuse et insensée philosophie. Qu'est-il besoin de nouvelles recherches et de spéculations pénibles pour connaître ce qu'est Dieu? Nous n'avons qu'à lever les yeux en haut, nous voyons l'immensité des cieux qui sont l'ouvrage de ses mains, ces grands corps de lumière qui roulent si régulièrement et si majestueusement sur nos têtes, et auprès desquels la terre n'est

qu'un atome imperceptible. Quelle magnificence ! Qui a dit au soleil : « Sortez du néant, et présidez au jour ! » et à la lune : « Paraissez et soyez le flambeau de la nuit ! » Qui a donné l'être et le nom à cette multitude d'étoiles qui décorent avec tant de splendeur le firmament, et qui sont autant de soleils immenses, attachés chacun à une espèce de monde nouveau qu'ils éclairent ? Quel est l'ouvrier dont la toute-puissance a pu opérer ces merveilles, où tout l'orgueil de la raison éblouie se perd et se confond ? Quel autre que le souverain Créateur de l'univers pourrait les avoir opérées ? Seraient-elles sorties d'elles-mêmes du sein du hasard et du néant, et l'impie sera-t-il assez désespéré pour attribuer à ce qui n'est pas une toute-puissance qu'il ose refuser à celui qui est essentiellement, et par qui tout a été fait ?

2. Les peuples les plus grossiers et les plus barbares entendent le langage des cieux. Dieu les a établis sur nos têtes comme des hérauts célestes qui ne cessent d'annoncer à tout l'univers sa grandeur ; leur silence majestueux parle la langue de tous les hommes et de toutes les nations ; c'est une voix entendue partout où la terre nourrit des habitants. Qu'on parcoure jusqu'aux extrémités les plus reculées de la terre et les plus désertes, nul lieu dans l'univers, quelque caché qu'il soit au reste des hommes, ne peut se dérober à l'éclat de cette puissance qui brille au-dessus de nous dans les globes lumineux qui décorent le firmament. Voilà

le premier livre que Dieu a montré aux hommes pour leur apprendre ce qu'il était ; c'est là [1] où ils étudièrent d'abord ce qu'il voulait leur manifester de ses perfections infinies : c'est à la vue de ces grands objets que, frappés d'admiration et d'une crainte respectueuse, ils se prosternaient pour en adorer l'auteur tout-puissant. Il ne leur fallait pas de prophètes pour les instruire de ce qu'ils devaient à sa majesté suprême ; la structure admirable des cieux et de l'univers le leur apprenait assez.

3. Que les impies qui se piquent de supériorité d'esprit et de raison sont méprisables de ne pas reconnaître la grandeur de Dieu dans la structure magnifique de ses ouvrages. Ils sont frappés de la gloire des princes et des conquérants qui subjuguent les peuples et fondent des empires, et ils ne sentent pas la toute-puissance de la main du Seigneur qui seul a pu jeter les fondements de l'univers ; ils admirent l'industrie et l'excellence d'un ouvrier qui a élevé des palais superbes que le temps va dégrader et détruire, et ils font honneur au hasard de la magnificence des cieux, et ils ne veulent pas reconnaître un Dieu dans l'harmonie si constante et si régulière de cet ouvrage immense et superbe que la révolution des temps et des années a toujours respecté et respectera jusqu'à la fin. Les hommes de tous les siècles et de toutes les nations, instruits par la seule nature, y

[1] Là où, là que est plus correct aujourd'hui.

ont reconnu sa divinité et sa puissance, et l'impie aime mieux démentir tout le genre humain, taxer d'incrédulité le sentiment universel, et ses premières lumières nées avec lui, de préjugés de l'enfance, que de se départir d'une opinion monstrueuse et incompréhensible à laquelle ses crimes seuls, ces enfants de ténèbres, ont forcé sa raison d'acquiescer, et que ses crimes seuls ont pu rendre vraisemblable.

4. Si le Seigneur n'avait montré qu'une fois aux hommes le spectacle magnifique des astres et des cieux, l'impie pourrait y soupçonner du prestige; il pourrait se persuader que ce sont là de ces jeux du hasard et de la nature, de ces phénomènes passagers qui doivent leur naissance à un concours fortuit de la matière, et qui, formés d'eux-mêmes et sans le secours d'aucun être intelligent, nous dispensent de chercher les raisons et les motifs de leur formation et de leur usage. Mais ce grand spectacle s'offre à nos yeux depuis l'origine des siècles; la succession des jours et des nuits n'a jamais été interrompue et a toujours eu un cours égal et majestueux, depuis qu'elle a été établie pour la décoration de l'univers et l'utilité de l'homme. Le premier jour qui éclaira le monde publia la grandeur de Dieu par la magnificence de ce corps immense de lumière qui commença à y présider, et il transmit avec son éclat, à tous les jours qui devaient suivre, ce langage muet, mais si frappant, qui annonce aux hommes la gloire

de Dieu et la puissance de son nom. Les astres qui présidèrent à la première nuit ont reparu et présidé depuis à toutes les autres, et font passer sans cesse avec eux, par la régularité perpétuelle de leurs mouvements, la connaissance de la sagesse et de la majesté de l'ouvrier souverain qui les a tirés du néant.

MASSILLON.

---

7. Les Rogations.

Les cloches du hameau se font entendre, les villageois quittent leurs travaux : le vigneron descend de la colline, le laboureur accourt de la plaine, le bûcheron sort de la forêt ; les mères fermant leurs cabanes, arrivent avec leurs enfants, et les jeunes filles laissent leurs fuseaux, leurs brebis et les fontaines pour assister à la fête.

On s'assemble dans le cimetière de la paroisse, sur les tombes verdoyantes des aïeux. Bientôt on voit paraître tout le clergé destiné à la cérémonie : c'est un vieux pasteur qui n'est connu que sous le nom de curé ; et ce nom vénérable, dans lequel est venu se perdre le sien, indique moins le ministre du temple que le père laborieux du troupeau. Il sort de sa retraite, bâtie auprès de la demeure des morts, dont il surveille les cendres. Il est établi dans son presbytère comme une garde avancée aux frontières de la vie, pour recevoir ceux qui entrent [1] et ceux qui sortent de ce royaume de douleurs. Un puits, des peupliers, une vigne autour de sa fenêtre, quelques colombes composent l'héritage de ce roi des sacrifices.

Cependant l'Apôtre de l'Evangile, revêtu d'un simple surplis, assemble ses ouailles devant la grande porte de l'église ; il leur fait un discours, fort beau sans doute, à en juger par les larmes de l'assistance. On lui entend souvent répéter : « Mes enfants, mes chers enfants, » et c'est là tout le secret de l'éloquence du Chrysostôme [2] champêtre.

Après l'exhortation, l'assemblée commence à marcher en chantant : « Vous sortirez avec plaisir, et vous serez reçu avec joie. Les collines bondiront et vous entendront avec joie [3] ». L'étendard des saints, antique bannière des temps chevaleresques, ouvre la carrière au troupeau, qui suit pêlemêle avec son pasteur. On entre dans des chemins ombragés et coupés profondément par la roue des chars rustiques ; on franchit de hautes barrières formées d'un seul tronc de chêne ; ou voyage le long d'une haie d'aubépine où bourdonne l'abeille, et où sifflent les bouvreuils et les merles. Les arbres sont couverts de leurs fleurs, ou parés d'un

1 Phrase irrégulière : entrent ne se construit pas avec la même préposition que sortent.

2 Le plus éloquent des Pères de l'Eglise, naquit à Antioche, vers l'an 347.

3 Trad. des Psaumes.

naissant feuillage. Les bois, les vallons, les rivières, les rochers entendent tour-à-tour les hymnes
des laboureurs. Etonnés de ces cantiques, les
hôtes des champs sortent des blés nouveaux, et
s'arrêtent à quelque distance pour voir passer la
pompe villageoise.

La procession rentre enfin au hameau. Chacun
retourne à son ouvrage : la religion n'a pas voulu
que le jour où l'on demande à Dieu les biens de
la terre fût un jour d'oisiveté. Avec quelle espérance on enfonce le soc dans le sillon, après avoir
imploré celui qui dirige le soleil, et qui garde
dans ses trésors [1] les vents du midi et les tièdes
ondées ! Pour bien achever un jour si saintement
commencé, les anciens du village viennent, à
l'entrée de la nuit, converser avec le curé, qui
prend son repas du soir sous les peupliers de sa
cour. La lune répand alors les dernières harmo-
nies sur cette fête que ramènent chaque année le
mois le plus doux et le cours de l'astre le plus
mystérieux. On croit entendre de toutes parts les
blés germer dans la terre, et les plantes croître
et se développer : des voix inconnues s'élèvent
dans le silence des bois, comme le chœur des
anges champêtres dont on a imploré le secours.

CHATEAUBRIAND.

1 Trésors, expression de la Bible.

8. Image de la vie humaine.

La vie humaine est semblable à un chemin dont l'issue est un précipice affreux. On nous en avertit, dès le premier pas; mais la loi est prononcée, il faut avancer toujours. Je voudrais retourner sur mes pas : Marche! Marche! Un poids invincible, une force irrésistible nous entraîne; il faut sans cesse avancer vers le précipice. Mille traverses, mille peines nous fatiguent et nous inquiètent dans la route. Encore si je pouvais éviter ce précipice affreux! Non, non; il faut marcher, il faut courir : telle est la rapidité des années. On se console pourtant, parce que de temps en temps on rencontre des objets qui nous divertissent, des eaux courantes, des fleurs qui passent. On voudrait s'arrêter : Marche! Marche! Et cependant on voit tomber derrière soi tout ce qu'on avait passé; fracas effroyable! inévitable ruine! On se console, parce qu'on emporte quelques feuilles cueillies en passant, qu'on voit se faner entre ses mains, du matin au soir, et quelques fruits qu'on perd en les goûtant : enchantement! illusion! Toujours entraîné, tu approches du gouffre affreux : déjà tout commence à s'effacer, les jardins moins fleuris, les fleurs moins brillantes, leurs couleurs moins vives, les prairies moins riantes, les eaux moins claires : tout se ternit, tout s'efface. L'ombre de la mort se présente; on commence à sentir l'approche

du gouffre fatal. Mais il faut aller sur le bord.
Encore un pas : déjà l'horreur trouble les sens,
la tête tourne, les yeux s'égarent. Il faut marcher,
on voudrait retourner en arrière; plus de moyen :
tout est tombé, tout est évanoui, tout est échappé.

BOSSUET,
Sermon sur les motifs de la joie du chrétien.

9. Prière d'un vieillard.

Le soir d'un beau jour d'été, fatigué de la chaleur, je sortis pour aller respirer le frais ; le soleil
tout en feu quittait l'horizon, et les ombres, des-
cendant des montagnes, s'étendaient déjà dans la
plaine.

Je m'arrêtai devant un lac superbe, uni comme
une glace, et bordé de saules et de peupliers,
entre lesquels on aperçoit quelques chaumières
isolées. Avec quel ravissement, à la faveur des
rayons argentés du flambeau de la nuit, je con-
templais la magnifique voûte des cieux, renversée
et reproduite tout entière dans ce vaste bassin, et
les arbres qui semblaient s'allonger et fuir, et leurs
feuillages, qu'agitait un vent frais, balancés et
flottants dans le miroir de l'onde tranquille ! J'allai
m'asseoir dans un bosquet voisin pour considérer
à loisir tant de merveilles, et là je me livrais à
toutes les réflexions que peut inspirer un spectacle
si doux, lorsque le son d'une voix vint tirer mon

âme de l'enchantement où elle était plongée. Cette voix me paraissant peu éloignée, j'écartai sans bruit les branches épaisses, qui me laissèrent entrevoir non loin de moi, un homme d'un grand âge.

Sa tête presque chauve, son visage noble et serein, sa barbe ondoyante et blanche, imprimaient le respect. Il était à genoux sous un chêne dont le tronc, vaincu du temps, produisait encore des jets vigoureux. Les yeux élevés vers le ciel, il parlait vivement. J'écoutai en silence, et j'entendis cette prière majestueuse et touchante, qui partait d'un cœur tout plein de la divinité qu'il invoquait :

« O vous dont la nature entière manifeste avec tant de grandeur l'existence et le pouvoir infini, père des hommes! du haut de ce trône sublime qu'environnent des chœurs innombrables d'esprits purs qui vivent de votre amour, qui brûlent de vos feux, et célèbrent sans cesse, sur des harpes ravissantes, vos louanges divines, daignez un moment écouter un faible mortel, et recevoir son hommage.

» Au milieu du silence de la nuit j'élève ma voix, et je viens adorer cette intelligence éternelle qui m'a tiré du néant.

» L'univers, grand Dieu! est votre temple. Eclairés le jour par le soleil éblouissant, et parsemés pendant la nuit d'étoiles étincelantes, les cieux immenses sont la voûte de ce temple magnifique, et l'homme innocent et pur en est le prêtre.

» Oh ! comment d'insensés mortels ont-ils pu méconnaître cette sagesse visible, universelle, qui gouverne le monde avec tant d'éclat? Comment, à l'aspect de ces globes rayonnants qui roulent au-dessus des nues, de ces mers profondes qui embrassent la terre et rapprochent les nations, de ces trésors répandus avec tant de profusion sur sa surface et dans ses entrailles, comment donc, environnés de tant de prodiges, en ont-ils oublié l'auteur?

» Je vous bénis, Dieu suprême ! de m'avoir fait naître dans les champs, loin des cités corrompues, et d'avoir éloigné de mon cœur l'orgueil et l'ambition. Grâce à votre bonté paternelle, je jouis depuis un siècle des seuls vrais biens de la vie, la paix de l'âme et l'heureuse médiocrité.

» Jamais vous n'avez cessé de me prodiguer les dons de votre amour. Mes derniers jours encore sont tous marqués par vos bienfaits. D'abondantes moissons remplissent mes greniers; vous arrosez mes prairies; vous donnez la fécondité à mes troupeaux; vous fertilisez mes vignobles; votre main couvre mes arbres de fleurs et de fruits.

» Pour comble de félicité, vous m'avez conservé ma chère compagne, et nos aimables enfants, dont la tendresse fait le charme de nos vieux jours. Mon Dieu ! je n'ai plus rien à désirer, que de mourir avant eux.

» Je le sens, je touche au terme de ma carrière;

bientôt j'irai mêler ma cendre à celle de mes pères, et mon âme, pleine d'espoir en votre miséricorde, comparaîtra devant votre trône éternel. Alors, ô protecteur de ma longue vie, je vous recommande mes enfants! prenez pitié de leur tendre mère; veillez du haut des cieux sur des têtes si chères, ô mon Dieu! ne les abandonnez jamais! »

En achevant ces mots, ses yeux s'emplirent de larmes; de profonds soupirs s'exhalaient de son cœur; il respirait à peine. Je crus voir alors je ne sais quoi de divin briller sur le front de ce vieillard vénérable. Il se leva, et, d'un pas tranquille, se retira dans sa demeure.

Reyrac.

10. Invocation à la Paix.

Grand Dieu dont la seule présence soutient la nature et maintient l'harmonie des lois de l'univers, vous qui, du trône immobile de l'Empyrée, voyez rouler sous vos pieds toutes les sphères célestes sans choc et sans confusion; qui, du sein du repos, reproduisez à chaque instant leurs mouvements immenses, et seul régissez dans une paix profonde ce nombre infini de cieux et de mondes; rendez, rendez enfin le calme à la terre agitée, qu'elle soit dans le silence! qu'à votre voix la discorde et la guerre cessent de faire retentir leurs clameurs orgueilleuses!

Dieu de bonté, auteur de tous les êtres, vos regards paternels embrassent tous les objets de la création ; mais l'homme est votre être de choix ; vous avez éclairé son âme d'un rayon de votre lumière immortelle ; comblez vos bienfaits en pénétrant son cœur d'un trait de votre amour : ce sentiment divin, se répandant partout, réunira les nations ennemies ; l'homme ne craindra plus l'aspect de l'homme, le fer homicide n'armera plus sa main ; le feu dévorant de la guerre ne fera plus tarir la source des générations ; l'espèce humaine maintenant affaiblie, mutilée, moissonnée dans sa fleur, germera de nouveau, et se multipliera sans nombre ; la nature accablée sous le poids des fléaux, stérile, abandonnée, reprendra bientôt avec une nouvelle vie son ancienne fécondité ; et nous, Dieu bienfaiteur, nous la seconderons, nous la cultiverons, nous l'observerons sans cesse pour vous offrir à chaque instant un nouveau tribut de reconnaissance et d'admiration.

BUFFON.

DEUXIÈME SECTION.

TABLEAUX DE LA NATURE.

1. Fécondité de la Terre.

C'est du sein inépuisable de la terre que sort tout ce qu'il y a de plus précieux. Cette masse informe, vile et grossière, prend toutes les formes les plus diverses ; et elle seule devient tour à tour tous les biens que nous lui demandons : cette boue si sale se transforme en mille beaux objets qui charment tous les yeux : en une seule année, elle devient branches, boutons, feuilles, fleurs, fruits, et semences pour renouveler ses libéralités en faveur des hommes. Rien ne l'épuise. Plus on déchire ses entrailles, plus elle est libérale. Après tant de siècles, pendant lesquels tout est sorti d'elle, elle n'est point encore usée. Elle ne ressent aucune vieillesse : ses entrailles sont encore pleines des mêmes trésors. Mille génératious ont passé dans son sein. Tout vieillit, excepté elle seule : elle rajeunit chaque année au printemps.

Elle ne manque jamais aux hommes ; mais les

hommes insensés se manquent à eux-mêmes en négligeant de la cultiver. C'est par leur paresse et par leurs désordres qu'ils laissent croître les ronces et les épines en la place des vendanges et des moissons. Ils se disputent un bien qu'ils laissent perdre. Les conquérants laissent en friche la terre pour la possession de laquelle ils font périr tant de milliers d'hommes, et ont passé leur vie dans une si terrible agitation. Les hommes ont devant eux des terres immenses qui sont vides et incultes; et ils renversent le genre humain pour un coin de cette terre si négligée.

La terre, si elle était bien cultivée, nourrirait cent fois plus d'hommes qu'elle n'en nourrit. L'inégalité même des terroirs [1], qui paraît d'abord un défaut, se tourne en ornement et en utilité. Les montagnes se sont élevées et les vallons sont descendus en la place que le Seigneur leur a marquée. Ces diverses terres, suivant les divers aspects du soleil, ont leurs avantages. Dans ces profondes vallées, on voit croître l'herbe fraîche pour nourrir les troupeaux : auprès d'elles, s'ouvrent de vastes campagnes revêtues de riches moissons. Ici, des côteaux s'élèvent comme en amphithéâtre et sont couronnés de vignobles et d'arbres fruitiers : là, de hautes montagnes vont porter leur front glacé jusque dans les nues, et les torrents qui en tombent sont les sources des rivières. Les ro-

1 Terroirs, nom du sol considéré par rapport à ses qualités productives.

chers, qui montrent leurs cimes escarpées, soutiennent la terre des montagnes, comme les os du
corps humain en soutiennent les chairs. Cette variété fait le charme des paysages, et en même
temps, elle satisfait aux divers besoins des peuples.

Il n'est pas de terroir si ingrat qui n'ait quelques propriétés. Non-seulement les terres noires
et fertiles, mais encore les argileuses et les grave-
leuses, récompensent l'homme de ses peines : les
marais desséchés deviennent fertiles ; les sables,
ne couvrent d'ordinaire que la surface de la terre;
et quand le laboureur a la patience d'enfoncer,
il trouve un terroir neuf, qui se fertilise à mesure
qu'on le remue et qu'on l'expose aux rayons du
soleil. Il n'y a presque pas de terre entièrement
ingrate, si l'homme ne se lasse point de la re-
muer pour l'exposer au soleil, et s'il ne lui demande que ce qu'elle est propre à porter. Au milieu des pierres et des rochers, on trouve d'excellents pâturages : il y a dans leurs cavités, des
veines que les rayons du soleil pénètrent, et
qui fournissent aux plantes, pour nourrir les troupeaux, des sucs très-savoureux. Les côtes mêmes
qui paraissent les plus stériles et les plus sauvages,
offrent souvent des fruits délicieux, ou des remèdes très-salutaires, qui manquent dans les plus
fertiles pays.

D'ailleurs, c'est par un effet de la Providence
divine que nulle terre ne porte tout ce qui est né-

cessaire à la vie humaine ; car le besoin invite les hommes au commerce, pour se donner mutuellement ce qui leur manque, et ce besoin est le lien naturel de la société entre les nations : autrement tous les peuples du monde seraient réduits à une seule sorte d'habits et d'aliments; rien ne les inviterait à se connaître et à s'entrevoir.

Tout ce que la terre produit, se corrompant, rentre dans son sein et devient le germe d'une nouvelle fécondité. Aussi elle reprend tout ce qu'elle a donné pour le rendre encore. Ainsi la corruption des plantes et les excréments des animaux qu'elle nourrit la nourrissent elle-même, et perpétuent sa fertilité. Ainsi plus elle donne, plus elle reprend, et elle ne s'épuise jamais pourvu qu'on sache dans la culture, lui rendre ce qu'elle a donné. Tout sort de son sein ; tout y rentre, et rien ne s'y perd. Toutes les semences qui y retournent se multiplient. Confiez à la terre des grains de blé : en s'y pourrissant, ils germent, et cette mère féconde nous rend avec usure plus d'épis qu'elle n'a reçu de grains.

Fénelon.

---

2. La nature sauvage.

La nature est le trône extérieur de la magnificence divine. L'homme qui la contemple, qui l'étudie, s'élève par degrés au trône intérieur de la Toute-Puissance. Fait pour adorer le Créateur, il commande les créatures ; vassal du ciel, roi de la terre, il l'ennoblit, la peuple et l'enrichit ; il établit entre les êtres vivants l'ordre, la subordination, l'harmonie ; il embellit la nature même ; il la cultive, l'étend et la polit, en élague le chardon et la ronce, y multiplie le raisin et la rose.

Voyez ces plages désertes, ces tristes contrées où l'homme n'a jamais résidé, couvertes ou plutôt hérissées de bois épais et noirs, dans toutes les parties élevées ; des arbres sans écorce et sans cime, courbés, rompus, tombant de vétusté ; d'autres, en plus grand nombre, gisants au pied des premiers, pour pourrir sous des monceaux déjà pourris, étouffent, ensevelissent les germes prêts à éclore. La nature, qui partout ailleurs brille par sa jeunesse, paraît ici dans la décrépitude ; la terre, surchargée par le poids, surmontée par les débris de ses productions, n'offre, au lieu d'une verdure florissante, qu'un espace encombré, traversé de vieux arbres chargés de plantes parasites, de lichens, d'agarics, fruits impurs de la corruption. Dans toutes les parties basses, des eaux mortes, croupissantes, faute d'être conduites et dirigées : des terrains fangeux, qui, n'étant ni solides, ni liquides, sont inabordables et demeurent également inutiles aux habitants de la terre et des eaux : des marécages qui, couverts de plantes aquatiques et fétides, ne nourrissent que des insectes venimeux et servent de repaire aux animaux immondes.

2

Entre ces marais infects qui occupent les lieux bas et les forêts décrépites qui couvrent les terres élevées, s'étendent des espèces de landes, des savanes, qui n'ont rien de commun avec nos prairies ; les mauvaises herbes y surmontent, y étouffent les bonnes ; ce n'est point ce gazon fin qui semble faire le duvet de la terre ; ce n'est point cette pelouse émaillée qui annonce sa brillante fécondité : ce sont des végétaux agrestes, des herbes dures, épineuses, entrelacées les unes dans les autres, qui semblent moins tenir à la terre qu'elles ne tiennent entre elles, et qui, se desséchant et se repoussant les unes sur les autres, forment une bourre grossière, épaisse, de plusieurs pieds.

Nulle route, nulle communication, nul vestige d'intelligence dans ces lieux sauvages. L'homme, obligé de suivre les sentiers de la bête féroce, s'il veut les parcourir, est contraint de veiller sans cesse pour éviter d'en devenir la proie ; effrayé de leurs rugissements, saisi du silence même de ces profondes solitudes, il rebrousse chemin et dit : «La nature brute est hideuse et mourante : c'est moi seul qui peux la rendre agréable et vivante. Desséchons ces marais, animons ces eaux mortes en les faisant couler : formons-en des ruisseaux, des canaux : mettons le feu à cette bourre superflue, à ces vieilles forêts déjà à demi consumées ; achevons de détruire avec le fer ce que le feu n'aura pu consumer : bientôt, au lieu du jonc, du nénuphar, dont le crapaud composait son venin, nous verrons paraître la renoncule, le trèfle, les herbes douces et salutaires : des troupeaux d'animaux bondissants fouleront cette terre jadis impraticable ; ils y trouveront une subsistance abondante, une pâture toujours renaissante, ils se multiplieront pour se multiplier encore. Servons-nous de ces nouvaux aides pour achever notre ouvrage ; que le bœuf soumis au joug emploie ses forces et le poids de sa masse à sillonner la terre ; qu'elle rajeunisse par la culture : une nature nouvelle va sortir de nos mains. »

---

3. La Nature cultivée.

Qu'elle est belle, cette nature cultivée ! que, par les soins de l'homme, elle est brillante et pompeusement parée ! Il en fait lui-même le principal ornement ; il en est la production la plus noble ; en se multipliant, il en multiplie le germe le plus précieux ; elle-même aussi semble se multiplier avec lui ; il met au jour par son art tout ce qu'elle recélait dans son sein. Que de trésors ignorés ! que de richesses nouvelles ! Les fleurs, les fruits, les grains perfectionnés, multipliés à l'infini ; les espèces utiles d'animaux transportées, propagées, augmentées sans nombre ; les espèces nuisibles réduites, confinées, reléguées : l'or, et le fer plus nécessaire que l'or, tirés des entrailles de la terre ;

les torrents contenus, les fleuves dirigés, resserrés; la mer soumise, reconnue, traversée d'un hémisphère à l'autre; la terre accessible partout, partout rendue aussi vivante que féconde; dans les vallées, de riantes prairies; dans les plaines, de riches pâturages ou des moissons encore plus riches; les collines chargées de vignes et de fruits; leurs sommets couronnés d'arbres utiles et de jeunes forêts; les déserts, devenus des cités, habités par un peuple immense, qui, circulant sans cesse, se répand de ses centres jusqu'aux extrémités; des routes ouvertes et fréquentées, des communications établies partout, comme autant de témoins de la force et de l'union de la société : mille autres monuments de puissance et de gloire démontrent assez que l'homme, maître du domaine de la terre, en a changé, renouvelé la surface entière, et que de tout temps il partage l'empire avec la nature.

---

4. Aspect du Ciel.

Elevons nos yeux vers le Ciel. Quelle puissance a construit au-dessus de nos têtes une si vaste et si superbe voûte! Quelle étonnante variété d'admirables objets!

C'est pour nous faire admirer le Ciel, dit Gicéron, que Dieu a fait l'homme autrement que le reste des animaux. Il est droit et lève la tête pour être occupé de ce qui est au-dessus de lui. Tantôt nous voyons un azur sombre, où les feux les plus purs étincellent. Tantôt nous voyons, dans un ciel tempéré, les plus douces couleurs, avec des nuances que la peinture ne peut imiter. Tantôt nous voyons des nuages de toutes les figures et de toutes les couleurs les plus vives, qui changent à chaque moment cette décoration. La succession régulière des jours et des nuits, que fait-elle entendre? Le soleil ne manque jamais, depuis tant de siècles, à servir les hommes, qui ne peuvent se passer de lui. L'aurore, depuis des milliers d'années, n'a pas manqué une seule fois d'annoncer le jour. Elle le commence à point nommé, au moment et au lieu réglé. Le soleil, dit l'Ecriture, sait où il doit se coucher chaque jour. Par là il éclaire tour à tour les deux côtés du monde, et visite tous ceux auxquels il doit ses rayons. Le jour est le temps de la société et du travail : la nuit, enveloppant de ses ombres la terre, finit toutes les fatigues et adoucit toutes les peines ; elle suspend, elle calme tout, elle répand le silence et le sommeil. En délassant les corps, elle renouvelle les esprits. Bientôt le jour revient pour rappeler l'homme au travail et pour ranimer toute la nature.

FÉNELON.

5. Les Plantes.

Admirez les plantes qui naissent de la terre ; elles fournissent des aliments aux sains et des re-

2 *

mèdes aux malades. Leurs espèces et leurs vertus [1] sont innombrables : elles ornent la terre : elles donnent de la verdure, des fleurs odoriférantes et des fruits délicieux. Voyez-vous ces vastes forêts qui paraissent aussi anciennes que le monde? Ces arbres s'enfoncent dans la terre par leurs racines ; comme leurs branches s'élèvent vers le ciel, leurs racines les défendent contre les vents, et vont chercher, comme par de petits tuyaux souterrains, tous les sucs destinés à la nourriture de leur tige ; la tige elle-même se revêt d'une dure écorce qui met le bois tendre à l'abri des injures de l'air ; les branches distribuent en divers canaux la sève que les racines avaient réunie dans le tronc. En été, ces rameaux nous protègent de leur ombre contre les rayons du soleil ; en hiver, ils nourrissent la flamme [2] qui conserve en nous la chaleur naturelle. Leur bois n'est pas seulement utile pour le feu ; c'est une matière douce, quoique solide et durable, à laquelle la main de l'homme donne sans peine toutes les formes qu'il lui plaît, pour les plus grands ouvrages de l'architecture et de la navigation. De plus, les arbres fruitiers, en penchant leurs rameaux vers la terre, semblent offrir leurs fruits à l'homme. Les arbres et les plantes, en laissant tomber leurs fruits ou leurs graines, se préparent autour d'eux une nombreuse

1 Leurs propriétés.
2 Expression très-poétique.

postérité. La plus faible plante, le moindre lé-
gume contient en petit volume, dans une graine,
le germe de tout ce qui se déploie dans les plus
hautes plantes et dans les plus grands arbres. La
terre qui ne change jamais fait tout ces changements dans son sein.

FÉNELON,
Traité de l'existence de Dieu.

6. La vallée de Tempé.

Les montagnes sont couvertes de peupliers, de
platanes, de frênes d'une beauté surprenante. De
leurs pieds jaillissent des sources d'une eau pure
comme le cristal; et des intervalles qui séparent
leurs sommets s'échappe un air frais que l'on res-
pire avec une volupté secrète. Le fleuve présente
presque partout un canal tranquille, et dans certains endroits il embrasse de petites îles dont il
éternise la verdure. Des grottes percées dans les
flancs des montagnes, des pièces de gazon placées
aux deux côtés du fleuve, semblent être l'asile du
repos et du plaisir. Ce qui nous étonnait le plus
était une certaine intelligence dans la distribution
des ornements qui parent ces retraites. Ailleurs,
c'est l'art qui s'efforce d'imiter la nature; ici on
dirait que la nature veut imiter l'art. Les lauriers
et différentes sortes d'arbrisseaux forment d'eux-
mêmes des berceaux et des bosquets, et font un
beau contraste avec des bouquets de bois placés

au pied de l'Olympe. Les rochers sont tapissés d'une espèce de lierre; et les arbres, ornés de plantes qui serpentent autour de leur tronc, s'entrelacent dans leurs branches et tombent en festons et en guirlandes. Enfin, tout présente en ces beaux lieux la décoration la plus riante. De tous côtés l'œil semble respirer la fraîcheur, et l'âme recevoir un nouvel esprit de vie. Au tableau que je viens d'ébaucher, il faut ajouter que, dans le printemps, elle est toute émaillée de fleurs, et qu'un nombre infini d'oiseaux y font entendre des chants, à qui la solitude et la saison semblent prêter une mélodie plus tendre et plus touchante.

BARTHÉLEMY.

7. Le langage mystérieux des bois.

Qui pourrait décrire les mouvements que l'air communique aux végétaux? Combien de fois, loin des villes, dans le fond d'un vallon solitaire couronné d'une forêt, assis sur le bord d'une prairie agitée des vents, je me suis plu à voir les mélilots dorés, les trèfles empourprés, et les vertes graminées former des ondulations semblables à des flots, et présenter à mes yeux une mer agitée de fleurs et de verdure! Cependant les vents balançaient sur ma tête les cimes majestueuses des arbres. Le retroussis de leur feuillage faisait paraître chaque espèce de deux verts différents. Chacun a son mouvement. Le chêne au tronc raide ne courbe que ses branches, l'élastique sapin balance sa haute pyramide, le peuplier robuste agite son feuillage mobile, et le bouleau laisse flotter le sien dans les airs comme une longue chevelure. Quelquefois un vieux chêne élève au milieu de la forêt ses longs bras dépouillés de feuilles et immobiles; comme un vieillard, il ne prend plus de part aux agitations qui l'environnent : il a vécu dans un autre siècle. Cependant ces grands corps insensibles font entendre des bruits profonds et mélancoliques. Ce ne sont point des accents distincts; ce sont des murmures confus. Il n'y a point de voix dominantes : ce sont des sons monotones, parmi lesquels se font entendre des bruits sourds et profonds, qui nous jettent dans une tristesse pleine de douceur. Ainsi les murmures d'une forêt accompagnent les accents mélodieux du rossignol. C'est un fond de concert qui fait ressortir les chants éclatants des oiseaux, comme la douce verdure est un fond de couleurs sur lequel se détache l'éclat des fleurs et des fruits.

Ce bruissement des prairies, ces gazouillements des bois ont des charmes que je préfère aux plus brillants accords; mon âme s'y abandonne, elle se berce avec les feuillages ondoyants des arbres, elle s'élève avec leurs cimes vers les cieux, elle se transporte dans les temps qui les ont vus naître et dans ceux qui les verront mourir; ils étendent dans l'infini mon existence circonscrite et fugitive. Il me semble qu'ils me parlent un langage mystérieux ; ils me plongent dans d'ineffables rêveries qui souvent ont fait tomber de mes mains les livres des philosophes. Majestueuses forêts, paisibles solitudes, qui plus d'une fois avez calmé mes passions, puissent les cris de la guerre ne troubler jamais vos résonnantes clairières ! n'accompagnez de vos religieux murmures que les chants des oiseaux, ou les doux entretiens des amis qui veulent se reposer sous vos ombrages.

BERNARDIN DE SAINT-PIERRE.

8. Le lever du Soleil.

On le voit s'annoncer de loin par les traits de feu qu'il lance devant lui. L'incendie augmente, l'Orient paraît tout en flammes : à leur éclat, on attend l'astre longtemps avant qu'il se montre, à chaque instant on croit le voir paraître : on le voit enfin. Un point brillant part comme un éclair et remplit aussitôt tout l'espace ; le voile des ténèbres s'efface et tombe ; l'homme reconnaît son séjour et le trouve embelli. La verdure a pris, durant la nuit, une nouvelle vigueur ; le jour naissant qui l'éclaire, les premiers rayons qui la dorent, la montrent couverte d'un brillant réseau de rosée, qui réfléchit à l'œil la lumière et les couleurs. Les oiseaux en chœur se réunissent et saluent de concert le père de la vie : en ce moment, pas un seul ne se tait. Leur gazouillement, faible encore, est plus lent et plus doux que dans le reste de la journée; il se sent de la langueur d'un paisible réveil. Le concours de tous ces objets porte aux sens une impression de fraîcheur qui semble pénétrer jusqu'à l'âme. Il y a là une demi-heure d'enchantement auquel nul homme ne résiste : un spectacle si grand, si beau, si délicieux, n'en laisse aucun de sang-froid.

J.-J. ROUSSEAU.

9. Le Cheval.

La plus noble conquête que l'homme ait jamais faite est celle de ce fier et fougueux animal, qui partage avec lui les fatigues de la guerre et la gloire des combats. Aussi intrépide que son maître, le cheval voit le péril et l'affronte; il se fait au bruit des armes, il l'aime, il le cherche et s'anime de la même ardeur. Il partage aussi ses plaisirs à la chasse, aux tournois, à la course; il brille, il étincelle. Mais, docile autant que courageux, il ne se laisse pas emporter à son feu; il sait réprimer ses mouvements. Non-seulement il fléchit sous la main de celui qui le guide, mais il semble consulter ses désirs; et, obéissant toujours aux impressions qu'il en reçoit, il se précipite, se modère ou s'arrête, et n'agit que pour y satisfaire. C'est une créature qui renonce à son être pour n'exister que par la volonté d'un autre, qui sait même la prévenir; qui, par la promptitude et la précision de ses mouvements, l'exprime et l'exécute; qui sent autant qu'on le désire et ne rend qu'autant qu'on veut; qui, se livrant sans réserve, ne se refuse à rien, sert de toutes ses forces, s'excède, et même meurt pour mieux obéir.

BUFFON.

---

10. Le Bœuf.

Le bœuf, le mouton, et les autres animaux qui paissent l'herbe, non-seulement sont les meilleurs, les plus utiles, les plus précieux pour l'homme, puisqu'ils le nourrissent, mais sont encore ceux qui consomment et dépensent le moins; le bœuf surtout est à cet égard l'animal par excellence, car il rend à la terre tout autant qu'il en tire, et même il améliore le fonds sur lequel il vit; il engraisse son pâturage, au lieu que le cheval et la plupart des autres animaux amaigrissent en peu d'années les meilleures prairies.

Mais ce ne sont pas là les seuls avantages que le bétail procure à l'homme; sans le bœuf, les pauvres et les riches auraient beaucoup de peine à vivre, la terre demeurerait inculte; c'est sur lui que roulent tous les travaux de la campagne; il est le domestique le plus utile de la ferme, le soutien du ménage champêtre; il fait toute la force de l'agriculture; autrefois il faisait toute la richesse des hommes, et aujourd'hui il est encore la base de l'opulence des Etats, qui ne peuvent se soutenir et fleurir que par la culture des terres et par l'abondance du bétail, puisque ce sont les seuls biens réels ; tous les autres, et même l'or et l'argent, n'étant que des biens arbitraires, des représentations, des monnaies de crédit, qui n'ont de valeur qu'autant que le produit de la terre leur en donne.

Le bœuf ne convient pas autant que le cheval, l'âne, le chameau, etc., pour porter des fardeaux : la forme de son dos et de ses reins le démontre ; mais la grosseur de son cou et la largeur de ses épaules indiquent assez qu'il est propre à tirer et a porter le joug ; il semble avoir été fait exprès pour la charrue ; la masse de son corps, la lenteur de ses mouvements, le peu de hauteur de ses jambes, tout, jusqu'à sa tranquillité et sa patience dans le travail, semble concourir à le rendre propre à la culture des champs, et plus capable qu'aucun autre de vaincre la résistance constante et toujours nouvelle que la terre oppose à ses efforts : le cheval, quoique peut-être aussi fort que le bœuf, est moins propre à cet ouvrage : il est trop élevé sur ses jambes, ses mouvements sont trop grands, trop brusques, et d'ailleurs il s'impatiente et se rebute trop aisément ; on lui ôte même toute la légèreté, toute la souplesse de ses mouvements, toute la grâce de son attitude et de sa démarche, lorsqu'on le réduit à ce travail pesant, pour lequel il faut plus de constance que d'ardeur, plus de masse que de vitesse, et plus de poids que de ressorts.

BUFFON.

11. La Chèvre et la Brebis.

La chèvre a, de sa nature, plus de sentiment et de ressource que la brebis ; elle vient à l'homme volontiers, elle se familiarise aisément, elle est sensible aux caresses, et capable d'attachement; elle est aussi plus forte, plus légère, plus agile et plus timide que la brebis ; elle est vive, capricieuse, lascive et vagabonde. Ce n'est qu'avec peine qu'on la conduit et qu'on peut la réduire en troupeau ; elle aime à s'écarter dans les solitudes, à grimper sur les lieux escarpés, à se placer et même à dormir sur la pointe des rochers et sur le bord des précipices ; elle est robuste, aisée à nourrir ; presque toutes les herbes lui sont bonnes, et il y en a peu qui l'incommodent. Le tempérament qui dans tous les animaux influe beaucoup sur le naturel, ne paraît cependant pas dans la chèvre différer essentiellement de celui de la brebis. Ces deux espèces d'animaux, dont l'organisation intérieure est presque entièrement semblable, se nourrissent, croissent, multiplient de la même manière, et se ressemblent encore par le caractère des maladies, qui sont les mêmes, à l'exception de quelques-unes auxquelles la chèvre n'est pas sujette : elle ne craint pas, comme la brebis, la trop grande chaleur; elle dort au soleil et s'expose volontiers à ses rayons les plus vifs sans en être incommodée, et sans que cette ardeur lui cause ni étourdissements ni vertiges ; elle ne s'effraie point des orages, ne s'impatiente pas à la pluie, mais elle paraît sensible à la rigueur du froid. Les mouvements extérieurs, lesquels, comme nous l'avons dit, dépendent beaucoup moins de la conformation du corps que de la force et de la variété des sensations relatives à l'appétit et au désir, sont par cette raison beaucoup moins mesurés, beaucoup plus vifs dans la chèvre que dans la brebis. L'inconstance de son naturel se marque par l'irrégularité de ses actions ; elle marche, elle s'arrête, elle court, elle bondit, elle saute, s'approche, s'éloigne, se montre, se cache, ou fuit, comme par caprice, et sans autre cause déterminante que celle de la vivacité bizarre de son sentiment intérieur, et toute la souplesse des organes, tous les nerfs du corps suffisent à peine à la pétulance et à la rapidité de ces mouvements qui lui sont naturels.

BUFFON.

12. Les cris des Volailles.

Les anciens avaient exprimé par un mot particulier la voix des canards, et le silencieux Pythagore voulait qu'on les éloignât de l'habitation où tout sage devait s'absorber dans la méditation; mais pour tout homme, philosophe ou non, qui aime à la campagne ce qui en fait le plus grand charme, c'est-à-dire le mouvement, la vie et le bruit de la nature, le chant des oiseaux, les cris des volailles, variés par le fréquent et bruyant cancan des canards, n'offensent point l'oreille et ne font qu'animer, égayer davantage le séjour champêtre; c'est le clairon, c'est la trompette parmi les flûtes et les hautbois; c'est la musique du régiment rustique.

BUFFON.

13. L'Oie.

Dans chaque genre, les espèces premières ont emporté tous nos éloges, et n'ont laissé aux espèces secondes que le mépris tiré de leur comparaison. L'oie, par rapport au cygne, est dans le même cas que l'âne vis-à-vis du cheval : tous deux ne sont pas prisés à leur juste valeur; le premier degré de l'infériorité paraissant être une vraie dégradation, et rappelant en même temps l'idée d'un modèle plus parfait, n'offre, au lieu des attributs réels de l'espèce secondaire, que ses contrastes désavantageux avec l'espèce première. Eloignant donc pour un moment la trop noble image du cygne, nous trouverons que l'oie est encore, dans le peuple de la basse-cour, un habitant de distinction. Sa corpulence, son port droit, sa démarche grave, son plumage net et lustré, et son naturel social qui la rend susceptible d'un fort attachement et d'une longue reconnaissance, enfin sa vigilance très-anciennement célébrée, tout concourt à nous présenter l'oie comme l'un des plus intéressants, et même des plus utiles de nos oiseaux domestiques ; car, indépendamment de la bonne qualité de sa chair et de sa graisse, dont aucun autre oiseau n'est plus abondamment pourvu, l'oie nous fournit cette plume délicate sur laquelle la mollesse se plaît à reposer, et cette autre plume, instrument de nos pensées, et avec laquelle nous écrivons ici son éloge.

BUFFON.

14. Les Abeilles.

Nos observateurs admirent à l'envi l'intelligence et les talents des abeilles ; elles ont, disent-ils, un génie particulier, un art qui n'appartient qu'à elles, l'art de se bien gouverner : il faut savoir observer pour s'en apercevoir. Mais une ruche est une république où chaque individu ne travaille que pour la société, où tout est ordonné, distribué, réparti avec une prévoyance, une équité, une prudence admirables. Athènes n'était pas mieux conduite ni mieux policée. Plus on observe ce panier de mouches, et plus on découvre de merveilles : un fonds de gouvernement inaltérable et toujours le même, un respect profond pour la personne en place, une vigilance singulière pour son service, la plus soigneuse attention pour ses plaisirs, un amour constant pour la patrie, une ardeur inconcevable pour le travail, une assiduité à l'ouvrage que rien n'égale, le plus grand désintéressement joint à la plus grande économie, la plus fine géométrie employée à la plus élégante architecture, etc. Je ne finirais point, si je voulais seulement parcourir les annales de cette république et tirer de l'histoire de ces insectes tous les traits qui ont excité l'admiration de leurs historiens.

Buffon.

15. L'approche de l'hiver.

Que sont devenus ces jours si agréables, où, caché dans un buisson épais d'aubépine en fleurs, le rossignol chantait sur un ton si doux le triomphe du printemps, et me charmait jour et nuit par ses modulations ravissantes ?

Tout languit dans les champs, tout meurt. L'astre du jour s'éloigne, et ne lance plus que par intervalles de pâles rayons à travers les plaines nébuleuses de l'air ; il semble n'éclairer qu'avec regret les tristes ruines de la nature champêtre.

Charmants oiseaux, qui mêlez au vert naissant des arbrisseaux les couleurs de votre brillant plumage, je n'entendrai donc de longtemps, dans ces bosquets harmonieux, vos tendres accords ; de longtemps je ne reverrai l'hirondelle voyageuse déclarer la guerre au frêle moucheron, et raser d'une aile légère l'onde azurée de ce beau lac. Chassée par les vents fougueux du Nord, elle abandonne son nid, et, loin de mon toit hospitalier, s'envole vers des climats plus doux.

La cigogne au long bec et la grue passagère prennent la fuite, et s'élèvent au haut des nues, tandis que le corbeau fatigue l'air de son vol pesant, et fait entendre partout de lugubres croassements.

Combien cette campagne superbe est changée ! Comme l'aquilon et la froidure ont déshérité ces champs, ces coteaux ! comme ils ont flétri ces gazons pâlissants, et ces jardins, couverts naguère de fleurs et de fruits ! Je ne reconnais plus ces contrées si fécondes ; ma vue, de tout côté, ne découvre que d'affligeants objets.

A la place de son pampre verdoyant et de ses raisins ambrés, la vigne ne m'offre que d'arides sarments effeuillés par les vents pluvieux. Ces antiques forêts qui bornent l'horizon, ces ormes robustes ont perdu leur ombre majestueuse ; ils se dépouillent de leur vaste feuillage, et ne présentent au loin que leur cime jaunissante.

Ainsi, dans ces bocages qui m'enchantaient, mon âme n'éprouve aujourd'hui que des impressions douloureuses. Parterres embellis, il n'y a qu'un moment, d'un vif émail, non, je ne puis soutenir la vue de vos tiges défleuries et de vos bordures décolorées ; c'en est fait, je vais m'éloigner malgré moi. Le dernier beau jour d'automne est passé avec la dernière rose que j'ai cueillie sur sa branche épineuse.

Ils renaîtront, cependant, ces beaux jours, ces doux ombrages que je regrette; ils renaîtront. Ces gazons reverdiront. Le soleil rendra la vie à ces bois, à ces campagnes dépeuplées. De nouvelles fleurs émailleront ces champs; encore quelques mois, et la nature sortira de ses ruines plus brillante et plus belle.

Mais pour nous, malheureux mortels, quand l'hiver de notre vie est arrivé, notre printemps ne renaît plus, et notre hiver n'a point de fin.

Telles sont les tristes pensées qu'au déclin de l'automne, le spectacle de la nature mourante inspire à mon âme désolée.

Le deuil de la terre commence. Déjà les nuages amoncelés s'abaissent. Inondé de vapeurs contagieuses, l'air s'obscurcit, la neige tombe à gros flocons, et couvre le front sourcilleux des montagnes.

Je vois l'horrible hiver, agitant ses glaçons, s'élancer des cavernes du Nord, entouré d'âpres frimas et de brouillards impurs, qui s'étendent rapidement sur les plaines attristées. Son souffle enchaîne les flots qui se poursuivent, et rend immobiles les rivières profondes : enseveli sous une voûte de glace, image de la tombe, le grand fleuve qu'arrosait ces riches campagnes a disparu.

J'entends les mugissements des mers irritées; les ouragans impétueux rugissent dans les airs.

Adieu, retraite si chérie où j'ai passé tant d'heureux moments : adieu, source limpide et pure, aimable ruisseau qui coules en murmurant parmi des cailloux dorés, sur un sable d'argent : adieu, tendres arbustes que j'ai cultivés avec tant de soin ; bosquets paisibles que la belle saison et le chant du rossignol rendent si délicieux ; je ne vous reverrai qu'au retour des zéphyrs parfumés, et du printemps couronné de verdure et de fleurs.

Tourmenté par les vents homicides, je reprends en frissonnant le chemin de la ville, où, tandis que l'aquilon en fureur frémira à travers ma fenêtre ébranlée, tranquille je vais m'endormir au bruit de ses sifflements aigus, ou converser en paix avec de fidèles amis rassemblés autour de mon foyer.

REYRAC.

3 *

TROISIÈME SECTION.

SCÈNES DE LA VIE CHAMPÊTRE.

---

1. Aspect enchanteur de la campagne au retour du printemps.

Déjà le jour pur et serein blanchit l'horizon et le faîte des montagnes ; le ramage des oiseaux recommence ; je les entends, ils m'appellent. Célébrons avec eux le retour du printemps. Que ces lieux sont beaux ! et que cette vue m'enchante ! Arrêtons-nous sur cette longue terrasse qu'embaument ces orangers en fleurs, et contemplons à loisir ce spectacle enchanteur. Ici je domine sur une plaine immense, ou plutôt sur une suite de riants jardins, couverts en toute saison de fruits et de verdure. Là je découvre une foule de maisons charmantes, dont chacune offre à l'œil ravi de nouvelles beautés.

Heureux et mille fois heureux celui qui chérit la vie champêtre et les doux travaux de la campagne ! Heureux celui qui, lorsque le triste hiver a pris la fuite, errant en liberté dans la prairie, peut voir les premiers rayons du soleil dorer ses vignobles, et de nouveaux tapis de verdure couvrir ses champs ; qui voit ses amandiers refleurir, ses troupeaux bondir dans les vallons !

Quelles douces impressions les objets champêtres font sur une âme pure ! Je ne les contemple qu'avec un ravissement inexprimable ; des larmes délicieuses coulent de mes yeux. Ah ! dans ce moment la nature entière est dans mon cœur. Je t'entends, humble fontaine, murmurer mollement au bas de ce buisson où croissent l'yeuse et la viorne. Aucun reptile venimeux ne corrompt ton onde ; aussi transparente que le cristal, elle coule au pied de ces aunes qui te doivent leur fraîche verdure.

Avant de m'éloigner, je vais cueillir ces plantes odorantes dans ces lieux humides ; j'irai les porter moi-même au bon vieillard qui, depuis plus de soixante ans, cultive en paix cette vigne qu'ont plantée ses aïeux. Hélas ! il souffre ; peut-être que ces simples pourront calmer ses douleurs. Jeune arbrisseau, ne crains plus la rigueur des hivers, ni les atteintes de la perfide gelée. L'haleine du zéphyr caresse maintenant et ranime tes rameaux ; le printemps te couvre de nouvelles fleurs ; le soleil te protége et se plaît à faire briller, à travers ton feuillage verdoyant, ses rayons d'or.

Avec quel plaisir je revois ce paisible ruisseau, dont l'onde vive et frémissante jaillit de mille sources, et s'échappe en fuyant dans un long canal semé de cailloux argentés ! Quand le spectacle douloureux des vices et de la méchanceté des hommes fatigue mon âme, c'est là que je viens respirer et chercher le doux repos.

Arbres antiques et vénérables qui aimez ce ruisseau, platanes élancés dans les airs, sombres sycomores, aliziers fleuris qui ornez ses bords, courbez-vous en voûte le long de son cours, et qu'il ne cesse de rouler sous l'ombrage de vos branches pendantes jusqu'à l'endroit où, vous quittant avec regret, il se précipite en murmurant dans le grand fleuve, qui disparaît bientôt lui-même au sein des mers immenses. Ainsi, d'un cours insensible nos journées s'écoulent sans retour et nous conduisent au tombeau. Ainsi, tout ce qui enflamme l'insatiable ambition, gloire, naissance, fortune, grandeurs, en un instant s'abîme dans l'éternité.

Ruisseau tranquille, combien de fois suis-je venu épancher ici les sentiments de mon cœur, méditer près de toi le sombre, le redoutable avenir, et me familiariser avec mes derniers moments!

Combien de fois tu m'as vu, assis sur tes bords, et l'âme émue de cette paix profonde, de ce calme silencieux qui la remplissent d'une mélancolie si douce, mêler des larmes à ton onde pure quand il fallait quitter ces bords; y revenir encore, rappelé par mes désirs; m'en éloigner lentement, les regarder de loin en soupirant, et, le cœur serré de douleur, m'écrier en gémissant : « Hélas ! que ne puis-je ici finir ma vie ! » Vous qui faites mes délices, séjour de l'innocence et du repos, riants vallons, solitude chère à mon cœur, je ne vous oublierai jamais.

O fortunés mortels! mortels trop peu connus, qui cultivez ces riants vignobles et ces plaines fécondes! hélas! que je vous porte envie! Quand s'accompliront mes vœux? quand vivrai-je avec vous et pourrai-je, enfin, dégagé de tant de liens importuns qui m'accablent, habiter ces humbles retraites, qui seront jusqu'à mon dernier soupir l'objet de mes amours? Et vous, ô mes amis, confidents de mes plus secrètes pensées, vous qui depuis mon jeune âge connaissez le secret de mon cœur, dites si j'enviai jamais d'autre bonheur!

Combien de fois, dans nos promenades paisibles, nous avons célébré les douceurs de la vie champêtre! L'autre jour encore, dans cette allée où la vigne, unie aux arbres, étend ses pampres suspendus en longs festons, je vous disais : « Vivons ici, vivons dans ces hameaux charmants! » Mes amis, c'était mon âme qui vous parlait, je ne vous exprimais que mes sentiments les plus chers.

Ah! si le ciel propice me rend un jour à moi-même, avec quelle ardeur j'irai m'ensevelir à la campagne! Là on me verra enfermer d'une haie vive le modeste champ cultivé de mes mains, cueillir le premier la violette printanière, tailler à loisir mes espaliers, diriger leurs branches fructueuses, tondre le chèvrefeuille, appuyer de faibles arbrisseaux jouets des vents, arrondir en

berceau ma treille docile, et, assis à son ombre,
contempler chaque jour, d'un œil satisfait, ses
grappes mûrissantes; retirer, à l'approche des
frimas, l'oranger frileux; serrer les derniers fruits
de l'automne, et, dans ces heureux soins, achever une innocente vie, qu'aucune amertume ne
viendrait corrompre. Oh! comme je bénirais le
ciel d'être éloigné des hommes et d'en être oublié!

Cependant il est doux de ne les avoir jamais
offensés. Il est doux aussi de n'avoir rien écrit que
d'après mon cœur. Le fiel de la satire et de l'envie jamais n'a souillé ma plume; elle est pure et
sans tache; et si mon nom ne brille point avec
éclat parmi ceux de ces génies sublimes admirés
du monde entier, du moins il est cher aux âmes
sensibles et vertueuses. Un bonheur si consolant
vaut bien la gloire : il me fait aimer la vie, il embellit mes jours, il charmera mes derniers instants.

REYRAC.

2. Joies rustiques & joies urbaines.

Euthymène nous parlait avec plaisir des travaux
de la campagne; avec transport, des agréments
de la vie champêtre.

Un soir, assis à table devant sa maison, sous de
superbes platanes qui se courbaient au-dessus de
nos têtes, il nous disait : « Quand je me promène

dans mon champ, tout rit, tout s'embellit à mes yeux. Ces maisons, ces arbres, ces plantes, n'existent que pour moi, ou plutôt pour les malheureux dont je vais soulager les besoins. Quelquefois je me fais des illusions pour accroître mes jouissances. Il me semble alors que la terre porte son attention jusqu'à la délicatesse, et que les fruits sont annoncés par les fleurs, comme parmi nous les bienfaits doivent l'être par les Grâces.

» Une émulation sans rivalité forme les liens qui m'unissent avec mes voisins. Ils viennent souvent se ranger autour de cette table, qui ne fut jamais entourée que de mes amis. La confiance et la franchise règnent dans nos entretiens. Nous nous communiquons nos découvertes, car, bien différents des autres artistes qui ont des secrets, chacun de nous est aussi jaloux de s'instruire que d'instruire les autres. »

S'adressant ensuite à quelques habitants d'Athènes qui venaient d'arriver, il ajoutait : « Vous croyez être libres dans l'enceinte de vos murs, mais cette indépendance que les lois vous accordent, la tyrannie de la société vous la ravit et sans pitié : des charges à briguer et à remplir, des hommes puissants à ménager, des noirceurs à prévoir et à éviter, des devoirs de bienséance plus rigoureux que ceux de la nature, une contrainte continuelle dans l'habillement, dans la démarche, dans les actions, dans les paroles; le poids insupportable de l'oisiveté, les lentes persécutions des importuns; il n'est aucune sorte d'esclavage qui ne vous tienne enchaînés dans ses fers.

» Vos fêtes sont si magnifiques! et les nôtres si gaies! Vos plaisirs si superficiels et si passagers! les nôtres si vrais et si constants! Les dignités de la république imposent-elles des fonctions plus nobles que l'exercice d'un art sans lequel l'industrie et le commerce tomberaient en décadence?

» Avez-vous jamais respiré dans vos riches appartements la fraîcheur de cet air qui se joue sous cette voûte de verdure? Et vos repas, quelquefois si somptueux, valent-ils ces jattes de lait qu'on vient de traire, et ces fruits délicieux que nous avons cueillis de nos mains? Et quel goût ne prêtent pas à nos aliments des travaux qu'il est si doux d'entreprendre, même dans les glaces de l'hiver et dans les chaleurs de l'été, dont il est si doux de se délasser, tantôt dans l'épaisseur des bois. au souffle des zéphyrs, sur un gazon qui invite au sommeil, tantôt auprès d'une flamme étincelante, nourrie par des troncs d'arbres que je tire de mon domaine, au milieu de ma femme et de mes enfants, objets toujours nouveaux de l'amour le plus tendre; au mépris de ces vents impétueux qui grondent autour de ma retraite, sans en troubler la tranquillité!

» Ah! si le bonheur n'est que la santé de l'âme, ne doit-on pas le trouver dans les lieux où règne une juste proportion entre les besoins et les dé-

sirs, où le mouvement est toujours suivi du repos, et l'intérêt toujours accompagné du calme. »
                              BARTHÉLEMY.
                         Voyage d'Anacharsis.

---

3. La retraite de Rollin.

Je prends [1] la liberté de vous indiquer un endroit de saint Chrysostôme [2], que j'avais autrefois
remarqué en faisant des extraits de quelques-unes
de ses Homélies [3], et qui m'est tombé sous la
main, en rangeant mes papiers dans la nouvelle
habitation où je suis depuis huit jours; c'est l'Homélie XIX, au peuple d'Antioche [4]. Saint Chrysostôme, au commencement de cette homélie, félicite
les bonnes gens de la campagne d'être venus célébrer la fête des martyrs. De là, il prend l'occasion
de les louer. « Ce peuple, dit-il, a un langage
différent du nôtre, mais il est uni très-étroitement

1 Lettre écrite par Rollin, en 1697, à M. Claude Le
Pelletier, contrôleur général des finances.

2 Saint Jean, surnommé Chrysostôme, c'est-à-dire
bouche d'or, le plus éloquent des Pères de l'Eglise
grecque, élevé en 398 au siége épiscopal de Constanti-
nople.

3 Instruction publique et familière sur l'Evangile.

4 Antioche (actuellement Antakiok), capitale de la Sy-
rie sous les Séleucides, patrie de saint Jean-Chrysos-
tôme. Les disciples de Jésus-Christ prirent dans cette
ville le nom de chrétiens.

avec nous par le lien de la foi. Là règnent la tempérance, la modestie, la pudeur. On ne voit point là de spectacles, de combats de chevaux ; loin de là les embarras et les soins de la ville. La vie laborieuse qu'ils mènent leur apprend la sobriété, la sagesse : occupés à labourer la terre, ils exercent un art que Dieu a introduit avant tous les autres ; car Adam, avant le péché, exerçait l'agriculture, non d'une manière pénible et laborieuse, mais comme en se divertissant. Là, vous verriez chacun d'eux tantôt atteler ses bœufs, conduire la charrue, enfoncer un sillon en terre ; tantôt le sarcloir en main, couper les mauvaises racines ; puis, par d'utiles discours, arracher des esprits les mauvaises habitudes. »

Je commence, pour moi, à sentir et à aimer plus que jamais la douceur de la vie rustique, depuis que j'ai un petit jardin qui me tient lieu de maison de campagne, et qui est pour moi, Fleury et Villeneuve. Je n'ai point de longues allées à perte de vue, mais deux petites seulement, dont l'une me donne de l'ombre sous un berceau assez propre, et l'autre, exposée au midi, me fournit du soleil pendant une bonne partie de la journée, et me produit beaucoup de fruits pour la saison. Je n'ai point de ruches à miel, mais j'ai le plaisir tous les jours de voir les abeilles voltiger sur les fleurs et s'enrichir du suc qu'elles en tirent sans me faire aucun tort. Ma joie n'est pourtant pas sans inquiétude, et la tendresse que j'ai pour mon petit espalier et pour quelques œillets me fait craindre pour eux le froid de la nuit, que je ne sentirais point sans cela. Il ne manquera rien à mon bonheur si mon jardin et ma solitude contribuent à me faire songer plus que jamais aux choses du Ciel.

ROLLIN.

4. Le Troupeau bien gardé.

Quand vous voyez quelquefois un nombreux troupeau qui, répandu sur une colline vers le déclin d'un beau jour, paît tranquillement le thym et le serpolet, ou qui broute dans une prairie une herbe menue et tendre qui a échappé à la faux du moissonneur, le berger, soigneux et attentif, est debout auprès de ses brebis ; il ne les perd pas de vue, il les suit, il les conduit, il les change de pâturages ; si elles se dispersent, il les rassemble ; si un loup avide paraît, il lâche son chien qui le met en fuite ; il les nourrit, il les défend ; l'aurore le trouve déjà en pleine campagne, d'où il ne se retire qu'avec le soleil. Quels soins ! quelle vigilance ! quelle servitude ! quelle condition. vous paraît la plus délicieuse et la plus libre, ou des bergers, ou des brebis ? Le troupeau est-il fait pour le berger, ou le berger pour le troupeau ? Image naïve des peuples, et du prince qui les gouverne, s'il est bon prince.

LA BRUYÈRE.

5. La présence du maître pendant la moisson.

Le temps presse, on reçoit l'ordre d'atteler et de partir. Si le maître n'y est pas, le charretier attèle lentement ses chevaux, qu'il fait sortir l'un après l'autre de l'écurie; les chevaux sont prêts à partir, mais le calvanier [1] n'a pas encore préparé les liens; il se passe dix minutes avant qu'ils soient mouillés et mis dans la voiture. Cependant le charretier sort de la maison, il s'en va pas à pas comme s'il n'était pas pressé, parlant à l'un, s'arrêtant pour prendre l'autre dans sa voiture; enfin, avec le temps, il arrive. Les moissonneurs reçoivent l'ordre de lier, de la part de leur maître, mais ils veulent finir leur route [2] ou mettre la pièce au carré; en attendant, les calvaniers et les charretiers causent ou se reposent étendus dans le champ. Les moissonneurs se mettent pourtant en train de lier, et les gens les regardent faire; ce n'est qu'au bout d'un certain temps qu'ils se mettent en devoir de faire un dizeau et de le charger. Pour les moissonneurs, ils ne s'inquiètent guère si la voiture se charge; ils continuent à lier, la voiture attend, et ce n'est que sur les instances réitérées du charretier qu'ils détachent un

1 Ouvrier spécialement occupé à charger les gerbes.
2 La bande commencée.

d'eux pour mettre les gerbes en dizeaux. Après bien des pourparlers, la voiture parvient à être chargée ; on la comble avec lenteur ; on se met en marche, on arrive à la grange. Les calvaniers sont à goûter, les arrivants imitent leur exemple ; ce n'est qu'au bout d'un quart-d'heure que la voiture se décharge, et encore comment ? A peine s'il tombe une gerbe par minute : il fait chaud, on cause, on s'essuie ; il se passe une heure avant que la voiture soit déchargée : elle part enfin et arrive dans les champs, la nuit fermée, ou est surprise par la pluie.

Qu'on compare la lenteur dont je viens de donner les détails, et qui est néanmoins fort ordinaire, avec l'activité que produit la présence du maître.

« Qu'on parte sur-le-champ pour aller chercher » le blé. Pierre et Jacques, attelez les chevaux ; » Thomas, trempez des liens pour mettre dans la » voiture : allez tous les trois à la pièce en grande » hâte. »

La voiture arrive, mais le maître y est déjà. Les moissonneurs ont quitté leur ouvrage et attendent les liens ; ils lient avec promptitude ; Jacques met les gerbes en dizeaux ; Thomas les donne à Pierre, qui les met dans la voiture. En moins d'un quart-d'heure, la voiture est chargée et comblée. Elle arrive à la maison, où elle trouve les calvaniers placés pour la décharger ; les gerbes tombent comme la grêle : au bout d'un instant la voiture se trouve vide. La servante apporte à boire aux chargeurs et charretiers, qui partent en poste chercher une autre voiture : celle-ci se charge et se décharge avec la même promptitude. On fait trois voitures au lieu de deux, et l'on brave ainsi l'incertitude du temps et l'obscurité de la nuit.

CHRÉTIEN DE LIHUS.

6. A un vieux Laboureur.

Je t'entends invoquer et remercier Dieu, heureux vieillard, toi qu'une vie de près d'un siècle, une vie pure et sans tache, rend vénérable à tous les mortels : je t'entends, tu l'invoques et le bénis avec allégresse, quand, sur la fin d'un beau jour, tu reviens à pas tardifs des champs éloignés, longtemps cultivés par tes mains, suivant, avec des yeux attendris, les enfants de ton fils.

L'un te prend les mains en souriant, et les remplit de fruits ; il te montre du doigt un nid d'oiseau qu'il a découvert dans ce buisson épais, et que, pour le contenter, tu feins de voir d'un air satisfait. L'autre, suspendu à ton cou, te prodigue de doux baisers. Un troisième conduit devant toi tes nombreux troupeaux, qui descendent en bêlant de cette colline verdoyante : il t'invite à caresser son chien vigilant, qui vient de sauver son mouton le plus beau en l'arrachant avec ardeur d'entre les dents ensanglantées d'un loup affamé.

O respectable vieillard ! tu as vu déjà quatre-vingt-dix moissons, et ta vie a été un printemps continuel. La source du bonheur est dans ton cœur, et ce bonheur est le prix de l'innocence.

Tu approches enfin de ta chaumière, que tu voyais fumer de loin à travers ces tilleuls et ces figuiers touffus qui en dérobent une partie aux yeux. Là un repas frugal t'attend. Va t'asseoir au milieu de ta famille, et partager avec elle ce pain frais, ces fruits, ce lait que des mains pures ont préparés. Va renouveler tes forces dans les bras d'un sommeil tranquille, et ranimer cette vigueur que la vieillesse n'a pu énerver.

Quels désirs, quels vœux peux-tu former ? Tes champs sont couverts d'épis dorés, tes vignes couronnées de pampres et de raisins, tes arbres chargés de fruits odorants, tes troupeaux nombreux et féconds : la verdure riante de tes prés, ces fontaines pures qui les arrosent et ne tarissent jamais, tout favorise, tout prévient tes souhaits. Entends le murmure de ce ruisseau ; vois-le réfléchir, dans l'azur de ses flots limpides, l'éclat des astres reproduits et multipliés sur la surface tremblante de ses eaux ; entends le chant de ces rossignols, et le souffle de ces zéphyrs qui soupirent dans les rameaux de ce vieux chêne et les agitent mollement.

Vois ces légions d'étoiles qu'aucun nuage n'obscurcit, la lune qui roule paisiblement son char d'argent dans un ciel pur et brillant. Vois comme la douce rosée.mouille ces humbles arbustes et ces saules vacillants, comme elle blanchit ces vastes prairies; comme elle luit de l'éclat des plus vives couleurs, en tombant sur ce gazon et sur les fleurs dont cette plaine est émaillée; comme elle sème de perles étincelantes l'hièble et le serpolet, la marjolaine et l'amarante. Bon vieillard! tout te promet l'heureux lendemain que tu désires. Mais déjà tes paupières se ferment, tes mains tombent de lassitude, ta tête chancelle et s'appesantit insensiblement; tu t'endors dans la paix, jusqu'à ce que le lever de l'astre du jour te rappelle à tes travaux.

REYRAC.

7. Un séjour à la campagne.

J'ai été assez longtemps dans le monde, mais je n'ai vécu qu'autant que dura l'automne passé : et parce qu'il [1] n'est pas possible de faire revenir ces jours bienheureux et qui me furent si chers, je tâche le plus que je puis de les regoûter [2] par le souvenir et par le discours. La liberté dans laquelle je me trouvais, après une captivité de trois ans (j'appelle ainsi le séjour que j'avais fait à la ville), la pureté de l'air que je commençais à res-

1 Cette conjonction, maintenant inusitée, signifie parce qu'il.
2 Ce verbe a vieilli.

pirer et que je recevais avidement, comme une nourriture qui m'était nouvelle, et la face riante de la campagne, qui montrait encore sur soi une partie de ses biens et se parait des derniers présents qu'elle devait faire aux hommes, me donnaient des pensées si douces et si tranquilles, que sans être agité de l'émotion qu'excite la joie, j'avais tout le plaisir qu'elle cause.

Les autres maladies de l'âme, plus importunes, qui tourmentent les cours et les assemblées, n'approchaient point de notre village. Je ne savais ce que c'était de craindre ou d'espérer, et ne connaissais plus le soupçon, la défiance ni la jalousie. Toutes mes passions se reposaient, et celles d'autrui ne parvenaient pas jusqu'à moi.

La première partie de la journée se passait en une conversation familière, d'où nous avions banni les affaires d'Etat, les controverses de la religion et les questions de philosophie. On ne se mettait point en peine d'accorder les princes chrétiens pour faire une ligue contre le Turc; on ne débattait point à outrance qui était le plus grand capitaine du marquis de Spinola [1] ou du comte de Tilly [2]. Personne ne réformait les royaumes, ni ne voulait changer leur gouvernement. Nous ne parlions que de la bonté de nos melons, de la

[1] Génois qui prit du service en Espagne et devint général du roi Philippe IV.

[2] Général allemand.

récolte de nos blés et de l'espérance de nos vendanges.

BALZAC,
Le Prince, avant-propos.

---

8. Conseils à un Roi sur la protection due à l'Agriculture.

O roi, si vous ne chargez point les laboureurs
d'impôts, ils vivront sans peine avec leurs femmes
et leurs enfants, car la terre n'est jamais ingrate,
elle nourrit toujours de ses fruits ceux qui la cul-
tivent soigneusement; elle ne refuse ses biens qu'à
ceux qui craignent de lui donner leurs peines.
Plus les laboureurs ont d'enfants, plus ils sont
riches, si le prince ne les appauvrit pas; car leurs
enfants, dès leur plus tendre jeunesse, commencent à les secourir. Les plus jeunes conduisent
les moutons dans les pâturages; les autres, qui
sont plus grands, mènent déjà les grands troupeaux; les plus âgés labourent avec leur père.
Cependant la mère de toute la famille prépare un
repas simple à son époux et à ses chers enfants,
qui doivent revenir fatigués du travail de la journée; elle a soin de traire ses vaches et ses brebis,
et on voit couler des ruisseaux de lait; elle fait un
grand feu, autour duquel toute la famille innocente et paisible prend plaisir à chanter tout le
soir en attendant le doux sommeil; elle prépare

des fromages, des châtaignes et des fruits conservés dans la même fraîcheur que si on venait de les cueillir. Le berger revient avec sa flûte, et chante à la famille assemblée les nouvelles chansons qu'il a apprises dans les hameaux voisins. Le laboureur rentre avec sa charrue, et ses bœufs fatigués marchent, le cou penché, d'un pas lent et tardif, malgré l'aiguillon qui les presse. Tous les maux du travail finissent avec la journée. Le sommeil apaise tous les noirs soucis, et tient toute la nature dans un doux enchantement; chacun s'endort sans prévoir les peines du lendemain.

Faites donc tout le contraire de ce qu'on fait communément. Les princes avides et sans prévoyance ne songent qu'à charger d'impôts ceux d'entre leurs sujets qui sont les plus vigilants et les plus industrieux pour faire valoir leurs biens; c'est qu'ils espèrent en être payés plus facilement: en même temps, ils chargent moins ceux que la paresse rend plus misérables. Renversez ce mauvais ordre, qui accable les bons, qui récompense le vice, et qui introduit une négligence aussi funeste au Roi même qu'à tout l'Etat. Mettez des taxes, des amendes, et même, s'il le faut, d'autres peines rigoureuses sur ceux qui négligeront leurs champs comme vous puniriez des soldats qui abandonneraient leur poste dans la guerre : au contraire, donnez des grâces et des exemptions aux familles qui, se multipliant, augmentent à proportion la culture de leurs terres. Bientôt les familles se multiplieront, et tout le monde s'animera au travail; il deviendra même honorable. La profession de laboureur ne sera plus méprisée, n'étant plus accablée de tant de maux. On reverra la charrue en honneur, maniée par des mains victorieuses qui auront défendu la patrie. Il ne sera pas moins beau de cultiver l'héritage reçu de ses ancêtres, pendant une heureuse paix, que de l'avoir défendu généreusement pendant les troubles de la guerre. Toute la campagne refleurira et se couronnera d'épis dorés; les creux vallons retentiront des concerts des bergers, qui, le long des clairs ruisseaux, joindront leurs voix avec leurs flûtes, pendant que leurs troupeaux bondissants paîtront sur l'herbe et parmi les fleurs sans craindre les loups. O heureux le roi d'un cœur assez grand pour entreprendre d'être ainsi les délices des peuples, et de montrer à tous les siècles, dans son règne, un si charmant spectacle! La terre entière, loin de se défendre de sa puissance par des combats, viendrait à ses pieds le prier de régner sur elle.　　　　　　　　　　FÉNELON.

9.　Visite au Verger paternel.

Que d'autres décrivent les superbes jardins des rois, et les magnifiques statues qui les ornent, et les ondes obéissantes qui, pressées dans de longs canaux, s'élancent dans les airs en gerbes de diamants, et retombent en perles brillantes dans le large bassin d'albâtre qui les reçoit.

Pour moi, content de peindre la nature et d'exprimer naïvement les sentiments de mon cœur, je vais parcourir l'humble verger où j'ai passé les jours du premier âge. Que j'y rentre avec délices ! que j'ai de plaisir encore à m'y promener ! et, qu'après une longue absence, on aime à revoir le doux théâtre des jeux de son enfance ! C'est donc sous ce toit paisible que je suis né ! C'est dans ce verger, qui m'a, pour ainsi dire, servi de berceau, que ma faible paupière s'ouvrit au rayon du jour. C'est là, qu'en respirant un air pur, je croissais, semblable à un arbrisseau naissant, dont chaque journée fortifie la tige. C'est dans cette allée de marronniers qu'un chien officieux, précédé d'enfants qui folâtraient, me traînait dans un char, que suivait de loin l'œil inquiet de ma tendre mère. Jamais je n'oublierai qu'à l'extrémité de cette terrasse, mon père, me montrant le soleil et la vaste étendue des cieux, m'entretint pour la première fois de l'existence de Dieu, de sa grandeur, de sa puissance, de sa bonté, et fit naître dans mon âme attendrie les premières idées religieuses. C'est là qu'un jour, après avoir dévoilé à mes yeux les merveilles de l'univers, il me dit, en me pressant dans ses bras : « O mon fils ! console mon cœur et celui de ta mère, en adorant toujours ce Dieu si bon, qui t'a créé, qui t'a sauvé. Crois-moi, l'ennemi de la religion n'est jamais heu reux; évite ses conseils, ne suis pas ses exemples. »

C'est à toi, charmant verger, que je dois mon bonheur; cet amour de la vie champêtre, ce goût, cette passion dominante pour la belle nature, c'est toi qui me l'as inspiré. Sans cesse mon imagination se plaît à se retracer la paix, les plaisirs ingénus de mes premières années, et ces vives sensations de l'enfance qui forment toujours nos goûts et nos penchants. Jamais ces images gracieuses ne s'effaceront de ma mémoire. Ce que j'aimais alors, je l'aime encore. Cette treille antique, ornement de ces murs, et ces sombres mélèzes, et ce vert platane orgueilleux de son feuillage, et ces ruches couvertes de chaume, où l'abeille industrieuse distille en paix son or liquide; ce figuier qui me garantissait des feux de la brûlante canicule; ce ruisseau dont l'onde pure me désaltérait; ces ombrages frais où je goûtais un sommeil tranquille, et jamais attendu, je les aimerai toujours. Toujours je chérirai ce fertile verger où mes bons aïeux, exempts de cet affreux essaim de maux qui tourmentent les ambitieux mortels, ont joui de longues années, récompense de leur vie active et frugale. Souvent encore, me dérobant à l'esclavage de la ville, accompagné de mon chien fidèle, je viendrai dans ce verger paisible retrouver la nature et jouir du repos. J'y viendrai souvent cueillir la framboise odorante, la pêche délicieuse, et les pommes d'or suspendues aux rameaux des orangers. Il me sera doux enfin, dans ma vieillesse, de me faire porter sur ce gazon entouré de jasmins et de rosiers, et de me consoler des rigueurs de mon hiver par le souvenir des jouissances pures et du tranquille bonheur de mon printemps.

REYRAC.

10. La Ferme.

Rien n'est plus beau qu'une vaste maison rustique, dans laquelle entrent et sortent, par quatre grandes portes cochères, des chariots chargés de toutes les dépouilles de la campagne : les colonnes de chêne qui soutiennent toute la charpente sont placées à des distances égales sur des socles de roche ; de longues écuries règnent à droite et à gauche ; cinquante vaches, proprement tenues, occupent un côté avec leurs génisses ; les chevaux et les bœufs sont de l'autre ; leur pâture tombe dans leurs crèches du haut de greniers immenses. Les granges où l'on bat le blé sont au milieu ; tous les animaux logés chacun à leur place dans ce grand édifice, sentent très-bien que le fourrage, l'avoine qu'elles renferment, leur appartiennent de droit. Au midi de ces beaux monuments d'agriculture sont les basses-cours et les bergeries, avec leurs habitants bruyants ; au nord, sont les pressoirs, les celliers, la fruiterie ; au levant, le logement du régisseur et de trente domestiques ;

au couchant s'étendent les grandes prairies, pâturées et engraissées par tous ces animaux, compagnons du travail de l'homme. Les arbres du verger, chargés de fruits à noyaux et à pépins, sont encore une autre richesse. Quatre ou cinq cents ruches sont établies auprès d'un petit ruisseau qui arrose le verger; les abeilles donnent au possesseur une récolte considérable de miel et de cire, sans qu'il s'embarrasse de toutes les fables qu'on a débitées sur ce peuple industrieux, sans rechercher très-vainement si cette nation vit sous les lois d'une prétendue reine.

Il y a des allées de mûriers à perte de vue : les feuilles nourrissent ces vers précieux qui ne sont pas moins utiles que les abeilles.

Une partie de cette grande enceinte est fermée par un rempart impénétrable d'aubépine, proprement taillée, qui réjouit l'odorat et la vue.

Telle doit être une bonne métairie.

VOLTAIRE.

---

11. Sources de l'aisance et du bonheur dans la médiocrité.

L'ordre, l'économie, le travail, un petit commerce et surtout la frugalité, nous entretenaient dans l'aisance. Le petit jardin produisait presque assez de légumes pour les besoins de la maison, l'enclos nous donnait des fruits, et nos coings,

nos pommes, nos poires, confits au miel de nos
abeilles, étaient durant l'hiver, pour les enfants
et pour les bonnes vieilles, les déjeuners les plus
exquis. Le troupeau de la bergerie de Saint-Thomas
habillait de sa laine tantôt les femmes, tantôt les
enfants; mes tantes la filaient; elles filaient aussi
le chanvre du champ qui nous donnait du linge;
et les soirées, où, à la lueur d'une lampe qu'ali-
mentait l'huile de nos noyers, la jeunesse du voisinage venait teiller avec nous ce beau chanvre,
formaient un tableau ravissant. La récolte des
grains de la petite métairie assurait notre subsistance; la cire et le miel des abeilles, que l'une de
mes tantes cultivait avec soin, étaient un revenu
qui coûtait peu de frais; l'huile exprimée de nos
noix encore fraîches avait une saveur, une odeur
que nous préférions au goût et au parfum de celle
de l'olive. Nos galettes de sarrazin, humectées,
toutes brûlantes, de ce bon beurre du Mont-Dore,
étaient pour nous le plus friand régal. Je ne sais
pas quel mets nous eût paru meilleur que
nos raves et nos châtaignes, et en hiver, lorsque
ces belles raves grillaient le soir à l'entour du
foyer, et que nous entendions bouillonner l'eau
du vase où cuisaient ces châtaignes si savoureuses
et si douces, le cœur nous palpitait de joie. Je me
souviens aussi du parfum qu'exhalait un beau coing
rôti sous la cendre, et du plaisir qu'avait notre
grand'mère à le partager entre nous. La plus so-
bre des femmes nous rendait tous gourmands.

Ainsi dans un ménage où rien n'était perdu, de petits objets réunis entretenaient une sorte d'aisance, et laissaient peu de dépense à faire pour suffire à tous nos besoins. Le bois mort dans les forêts voisines était en abondance et presque en non-valeur ; il était permis à mon père d'en tirer sa provision. L'excellent beurre de la montagne et les fromages les plus délicats étaient communs et coûtaient peu ; le vin n'était pas cher, et mon père lui-même en usait sobrement.

MARMONTEL.

12. Ancienneté & excellence de la vie agricole.

Entre les Israélites, je ne vois point de professions distinguées. Depuis le chef de la tribu de Juda jusqu'au dernier cadet de Benjamin, tous étaient laboureurs et pâtres, menant eux-mêmes leurs charrues et gardant leurs troupeaux. Gédéon battait lui-même son blé, quand un ange lui dit qu'il délivrerait le peuple. Ruth gagna les bonnes grâces de Booz en glanant à sa moisson. Quand Saül reçut la nouvelle du péril où était la ville de Jabès en Galaad, il conduisait une couple de bœufs, tout roi qu'il était. Chacun sait que David gardait les brebis quand Samuel l'envoya chercher pour le sacrer roi, et il retourna à son troupeau après avoir été appelé pour jouer de la harpe devant Saül. Depuis qu'il fut roi, ses enfants faisaient une grande fête lorsqu'ils tondaient leurs moutons. Elisée fut appelé à la prophétie, lorsqu'il menait une des douze charrues de son père : l'enfant qu'il ressuscita était avec son père à la moisson quand il tomba malade; et le mari de Judith, quoique fort riche, gagna le mal dont il mourut en une pareille occasion.

L'Ecriture est pleine de pareils exemples.

C'est sans doute ce qui choque le plus ceux qui ne connaissent point l'antiquité, et qui n'estiment que nos mœurs. Quand on leur parle de laboureurs et de bergers, ils se figurent des paysans grossiers, ne travaillant pas seulement pour leur subsistance, mais pour fournir les choses nécessaires à tous ceux qui sont dans les conditions que nous estimons plus relevées; car c'est le paysan qui nourrit les bourgeois, les officiers de justice et de finance, les gentilshommes, les ecclésiastiques; et, de quelque détour que l'on se serve pour convertir l'argent en denrées, ou les denrées en argent, il faut toujours que tout revienne aux fruits de la terre et aux animaux qu'elle nourrit. Cependant, quand nous comparons ensemble tous ces différents degrés de conditions, nous mettons au dernier rang ceux qui travaillent à la campagne; et plusieurs estiment plus de gros bourgeois inutiles, sans force de corps, sans industrie, sans aucun mérite, parce qu'ayant plus d'argent, ils mènent une vie plus commode et plus délicieuse.

Mais, si nous imaginions un pays où la différence des conditions ne fût pas si grande, où vivre noblement ne fût pas vivre sans rien faire, mais conserver soigneusement sa liberté, c'est-à-dire n'être sujet qu'aux lois et à la puissance publiques, subsister de son fonds sans dépendre de personne, et se contenter de peu plutôt que de faire quelque bassesse pour s'enrichir; un pays où l'on méprisât l'oisiveté, la mollesse et l'ignorance des choses nécessaires pour la vie, et où l'on fît moins de cas du plaisir que de la force du corps; en ce pays-là il serait bien plus honnête [1] de labourer, ou de garder un troupeau, que de jouer et se promener toute la vie.

On voit partout dans Homère [2] des rois et des princes vivant des fruits de leurs terres et de leurs troupeaux, et travaillant de leurs mains. Hésiode [3] a fait un poëme exprès pour recommander le travail de la campagne, comme l'unique moyen de subsister et de s'enrichir honnêtement, et il blâme son frère Persée à qui il l'adresse de vouloir vivre aux dépens d'autrui en plaidant des causes et poursuivant des affaires. Il traite de fainéantise cet emploi qui fait parmi nous l'occupation de tant de gens. On voit, par l'Economie de Xénophon [4], que les Grecs n'avaient rien diminué de cette es-

[1] Estimable.

[2], [3] Poëtes grecs. (900 ans avant J.-C.)

[4] Général et historien célèbre. (445 avant J.-C.)

time pour l'agriculture dans le temps de leur plus grande politesse.

Ainsi, on ne doit point attribuer à la grossièreté et à l'ignorance des lettres l'attachement des anciens Romains au ménage de la campagne; c'est plutôt une marque de leur bon sens. Comme tous les hommes naissent avec des bras et des corps propres au travail, ils croyaient que tous s'en devaient servir, et qu'ils ne pouvaient mieux les employer qu'à tirer de la terre une substance assurée et des richesses innocentes. Ce n'était pas toutefois l'avarice qui les y attachait, puisque ces mêmes Romains méprisaient l'or et les présents des étrangers : ce n'était pas aussi qu'ils ne fussent braves et belliqueux, puisque c'est en ce temps même qu'ils soumirent toute l'Italie, et acquirent ces forces immenses qu'ils employèrent depuis à la conquête du monde. Au contraire, la vie pénible et frugale de la campagne fut la principale cause de ces grandes forces, leur donnant des corps robustes et endurcis au travail, et les accoutumant à une discipline sévère. Quiconque connaît la vie de Caton le Censeur ne peut le soupçonner de bassesse de cœur ni de petitesse d'esprit. Cependant, ce grand homme, qui avait passé par toutes les charges de la république lorsqu'elle était dans sa plus grande force, qui avait gouverné des provinces et commandé des armées, grand orateur, grand jurisconsulte, grand politique, ce grand homme n'a pas dédaigné d'écrire toutes les façons qu'il faut faire aux terres et aux vignes, et comment il faut bâtir des étables pour les diverses espèces de bestiaux, un pressoir pour le vin ou pour l'huile; tout cela dans le dernier détail : en sorte que l'on voit qu'il en était parfaitement instruit, et qu'il écrivait pour l'usage [1] et non pour l'ostentation.

Avouons-le donc de bonne foi : le mépris que nous avons pour le travail de la campagne n'est fondé sur aucune raison solide, puisque ce travail s'accorde parfaitement avec le courage, avec toutes les vertus de la guerre et de la paix, et même avec la véritable politesse.

Au reste, ce n'étaient point seulement les Grecs et les Romains qui honoraient l'agriculture comme les Hébreux ; les Carthaginois, Phéniciens d'origine, en avaient fait une grande étude. Les Egyptiens l'honoraient jusqu'à adorer les animaux qui y servent. Les Perses, dans leur plus grande puissance, avaient dans chaque province des intendants pour veiller à la culture des terres, et Cyrus le Jeune avait pris plaisir à planter et à cultiver un jardin de sa propre main. Pour les Chaldéens, on ne doutera pas qu'ils ne fussent grands laboureurs, si l'on considère la fertilité des campagnes de Babylone, qui rapportaient deux ou trois cents grains pour un. L'histoire de la Chine nous apprend que l'agriculture y était aussi fort estimée dans les temps les plus anciens et les meilleurs.

1 Utilité.

Enfin, il faut reconnaître que tant que les plus nobles et les plus riches de chaque pays n'ont point dédaigné cette profession, la plus ancienne de toutes, leur vie a été plus heureuse, parce qu'elle était plus naturelle. Ils vivaient plus long-temps et en meilleure santé; leur corps était plus propre aux fatigues de la guerre et des voyages, leur esprit plus sérieux et plus solide. Etant moins oisifs, ils s'ennuyaient moins, et ne cherchaient point tant à raffiner sur les plaisirs; le travail leur rendait sensibles les moindres divertissements. Ils pensaient moins au mal, et avaient moins d'intérêt de mal faire, car leur vie simple et frugale ne donnait pas occasion à de grandes dépenses ni à de grandes dettes. Par conséquent il y avait moins de procès, de ventes de biens et de renversements de familles; moins de fraudes, de violences et de tous les crimes que la pauvreté vraie ou imaginaire fait commettre, faute de vouloir ou de pouvoir travailler. Le pis est que l'exemple des riches et des nobles entraîne tous les autres, et fait que quiconque se croit tant soit peu au-dessus de la lie du peuple a honte de travailler, surtout à la terre. De là viennent tant d'efforts pour subsister d'industrie, tant de nouveaux artifices que l'on invente tous les jours pour faire passer l'argent d'une bourse à l'autre. Dieu sait combien sont innocents tous ces moyens de vivre si forcés : du moins sont-ils bien fragiles pour la plupart; au lieu que la terre nourrira toujours ceux qui la cultiveront, si d'autres ne leur ôtent ce qu'elle leur donne. Loin donc que la vie champêtre et laborieuse des Israélites doive les rendre méprisables, c'est une preuve de leur sagesse, de leur bonne éducation et de leur fermeté à garder les maximes de leurs pères. Ils savaient que l'homme avait été mis dans le paradis terrestre pour y travailler, et qu'après son péché il avait été condamné à un travail bien plus pénible et plus ingrat. Ils étaient persuadés de ces vérités solides, tant de fois répétées dans les livres de Salomon, que l'indigence est la suite de la paresse; que celui qui dort en été au lieu de faire sa moisson, ou qui ne laboure point l'hiver de peur du froid, mérite de mendier et de ne pas trouver de pain; que l'abondance est l'effet naturel de la force du travail; que les biens acquis trop promptement n'attirent pas de bénédiction.

On y voit la pauvreté frugale avec joie et simplicité préférée à une abondance tumultueuse et à une richesse insolente. On y voit les inconvénients des deux extrémités de la misère et de l'opulence, et les désirs du sage bornés aux nécessités de la vie. Il entre même dans le détail des préceptes d'économie : « Préparez, dit-il, vos ouvrages au dehors, et labourez soigneusement votre terre, afin que vous puissiez ensuite bâtir votre maison. » A quoi revient cette maxime de Caton, qu'il ne faut point délibérer pour planter, mais qu'il faut délibérer pour bâtir.

Or, dans ce livre des Proverbes, et dans toute l'Ecriture, ce qui s'appelle travail, affaires, biens, se rapporte toujours au ménage de la campagne : ce sont toujours des terres, des vignes, des prés, des bœufs, des moutons. Ils en tirent même la plupart des expressions figurées. Les rois et les autres chefs sont des pasteurs ; les peuples, des troupeaux : les conduire, c'est les faire paître. Aussi, les Israélites ne cherchaient-ils leur subsistance que dans les biens les plus naturels, c'est-à-dire les terres et les bestiaux; d'où il faut, par nécessité, que se tire tout ce qui fait la richesse des hommes, par les manufactures, la marchandise, les rentes, ou le commerce d'argent.

FLEURY.

QUATRIÈME SECTION.

MAXIMES ET RÉFLEXIONS.

1. Dignité de la profession agricole.

A la campagne, tout porte aux réflexions les plus douces et les plus salutaires ; on se rapproche de Dieu, en se rapprochant de la nature, en contemplant ses ouvrages. Dans presque toutes les manufactures des grandes villes, on ne voit que des malheureux ouvriers condamnés à consacrer tous les instants d'une existence si courte et si fragile à ne fabriquer que des superfluités, de brillantes bagatelles ; mais dans les champs, dans les ateliers de la nature, on voit une classe d'hommes simples et laborieux, se chargeant seuls d'exécuter la sentence portée contre la race humaine, sentence à la fois équitable et paternelle ; car elle ne prescrit que des travaux utiles, bienfaisants, et qui, loin d'affaiblir la santé, la rendent plus florissante, et prolongent la vie. Ici, le cultivateur travaille sans relâche, mais à l'air libre, à la face du ciel ; environné de toutes les richesses qu'il a forcé la terre de produire, il peut contempler comme des conquêtes ces heureux fruits de son industrie, et ces nombreux troupeaux, et tous ces animaux soumis à son joug. L'homme actif et laborieux, n'est plus l'homme déchu; du moins tout retrace autour de lui sa noble origine; il se ressaisit de son empire sur la création, il retrace dans les lieux qu'il habite l'image enchanteresse des jardins délicieux d'Eden!...

Mme DE GENLIS.

---

2. Folles tendances à déserter les champs pour le séjour des villes.

Aujourd'hui chacun s'efforce de substituer le luxe à la simplicité, l'éclat de l'extérieur à l'aisance du ménage. Le villageois rêve pour son fils richesses et honneurs; il ne cesse d'exciter, sa jeune avidité en offrant à ses regards un tableau riant des prospérités du monde. Non, il ne ne veut pas que ce fils bien-aimé vienne avec lui tracer un sillon pénible dans les plaines; il se hâte de l'envoyer à la ville, où il croit que la fortune l'attend. Il a résolu d'en faire un bourgeois, un négociant, un juge, un avocat; il sourit à son bonheur futur : il le voit traversant les mers sur ses vaisseaux chargés de marchandises, ou s'avançant à la tête des armées, ou bien encore paraissant avec éclat aux tribunes publiques.

Bon laboureur, tu te prépares bien du chagrin! Hélas ! cet enfant, qui, par ta volonté, a perdu le souvenir de ses ruisseaux, de sa colline et de sa chaumière, sera peut-être assez malheureux pour oublier aussi ses parents...

Fortunés habitants des campagnes, craignez de vous égarer au sein des villes. Restez, restez sous votre toit rustique. Efforcez-vous par un travail assidu, par d'ingénieux procédés, d'augmenter le produit de vos terres et d'acclimater l'aisance dans votre retraite si douce. Demeurez loin du bruit et du vice, laissez les rêves et les illusions de la vie à ceux qui n'ont plus que cette seule ressource ici-bas, et contentez-vous d'embellir le petit coin de terre qu'un ciel bienfaisant vous a donné!...

ANONYME.

3. L'amour de la Patrie.

Le plus beau, le plus moral des instincts affectés à l'homme, c'est l'amour de la patrie. Si cette loi n'était soutenue par un miracle toujours subsistant, et auquel comme à tant d'autres, nous ne faisons aucune attention, les hommes se précipiteraient dans les zones tempérées, en laissant le reste du globe désert. On peut se figurer quelles calamités résulteraient de cette réunion du genre humain sur un seul point de la terre. Afin d'éviter ces malheurs, la Providence a, pour ainsi dire, attaché les pieds de chaque homme à son sol natal par un aimant invincible : les glaces de l'Islande et les sables embrasés de l'Afrique ne manquent point d'habitants.

Il est même digne de remarque que, plus le sol d'un pays est ingrat, plus le climat en est rude, ou, ce qui revient au même, plus on a souffert de persécutions dans ce pays, plus il a de charmes pour nous. Chose étrange et sublime qu'on s'attache par le malheur [1], et que l'homme qui n'a perdu qu'une chaumière soit celui-là même qui regrette davantage le toit paternel ! La raison dé ce phénomène, c'est que la prodigalité d'une terre détruit, en nous enrichissant, la simplicité des liens naturels qui se forment de nos besoins. Tout confirme la vérité de cette remarque. Un sauvage tient plus à sa hutte qu'un prince à son palais, et le montagnard trouve plus de charme à sa montagne que l'habitant de la plaine à son sillon. Demandez à un berger écossais s'il voudrait changer son sort contre le premier potentat de la terre : loin de sa tribu chérie, il en garde le souvenir, partout il redemande ses troupeaux, ses torrents, ses nuages. Il n'aspire qu'à manger le pain d'orge,

1 « Il est temps, ô Seigneur ! que vous ayez pitié de Sion ; vos serviteurs en aiment les ruines mêmes et les pierres démolies ; et leur terre natale, toute désolée qu'elle est, a encore toute leur tendresse et toute leur compassion. »

(Psaumes de la Captivité.)

5*

à boire le lait de la chèvre, à chanter dans la vallée ces ballades que chantaient aussi ses aïeux. Il dépérit s'il ne retourne au lieu natal. C'est une plante de la montagne : il faut que sa racine soit dans le rocher ; elle ne peut prospérer, si elle n'est battue des vents et des pluies : la terre, les abris et le soleil de la plaine la font mourir. Qu'y a-t-il de plus heureux que l'Esquimau dans son épouvantable patrie ? que lui font les fleurs de nos climats auprès des neiges du Labrador, nos palais auprès de son trou enfumé ? Il s'embarque au printemps avec son épouse sur quelque glace flottante, et, entraîné par les courants, il s'avance, en pleine mer, sur ce trône du Dieu des tempêtes. Ainsi, en nous attachant à la patrie, la Providence justifie toujours ses voies, et nous avons pour notre pays mille raisons d'amour. L'Arabe n'oublie point le puits du chameau, la gazelle, et surtout le cheval, compagnon de ses courses ; le nègre se rappelle toujours sa case, son bananier, et le sentier du zèbre et de l'éléphant.

C'est lorsque nous sommes éloignés de notre pays, que nous sentons surtout l'instinct qui nous y attache. A défaut de réalité, on cherche à se repaître de songes ; le cœur est expert en tromperies ; quiconque a été nourri au sein de la femme a bu à la coupe des illusions. Tantôt c'est une cabane qu'on aura disposée comme le toit paternel ; tantôt c'est un bois, un vallon, un coteau, à qui l'on fera porter quelques-unes de ces douces appellations de la patrie. Andromaque 1 donne le nom de Simoïs 2 à un ruisseau. Et quelle touchante vérité dans ce petit ruisseau qui retrace un grand fleuve de la terre natale ! Loin des bords qui nous ont vus naître, la nature est comme diminuée, et ne nous paraît plus que l'ombre de celle que nous avons perdue.

Si l'on nous demandait quelles sont ces fortes attaches par qui nous sommes enchaînés au lieu natal, nous aurions de la peine à répondre. C'est peut-être le sourire d'une mère, d'un père, d'une sœur ; c'est peut-être le souvenir d'un vieux précepteur qui nous éleva, des jeunes compagnons de notre enfance ; c'est peut-être les soins que nous avons reçus d'une nourrice, d'un domestique âgé, partie si essentielle de la maison ; enfin ce sont les circonstances les plus simples, si l'on veut même les plus triviales : un chien qui aboyait la nuit dans la campagne, un rossignol qui revenait tous les ans dans le verger, le nid de l'hirondelle à la fenêtre, le clocher de l'église qu'on voyait au-dessus des arbres, l'if du cimetière, le tombeau gothique : voilà tout ; mais ces petits moyens démontrent d'autant mieux la réalité d'une Providence, qu'ils ne pourraient être la source de l'amour de la patrie et des grandes vertus que cet amour fait naître, si une volonté suprême ne l'avait ordonné ainsi.   CHATEAUBRIAND.

1 Veuve d'Hector, que Pyrrhus conduisit en Epire aprés la prise de Troie.

2 Fleuve de la Troade.

4. L'esprit humain est inépuisable, l'instinct des animaux est aveugle.

D'observations en observations, les inventions humaines se sont perfectionnées. L'homme attentif à la vérité, a connu ce qui était propre au mal et propre à ses desseins, et s'est trouvé l'imagination remplie, par les sensations, d'une infinité d'images. Par cette force qu'il a de réfléchir, il les a assemblées, il les a disjointes; il s'est en cette manière formé des desseins; il a cherché des matières propres à l'exécution. Il a vu qu'en fondant le bas, il pouvait élever le haut. Il a bâti, il a occupé de grands espaces dans l'air et a étendu sa demeure naturelle. En étudiant la nature, il a trouvé les moyens de lui donner de nouvelles formes. Il s'est fait des instruments; il s'est fait des armes; il a élevé les eaux qu'il ne pouvait pas aller puiser dans le fond [1] où elles étaient; il a changé toute la face de la terre; il en a creusé, il en a fouillé les entrailles, et il y a trouvé de nouveaux secours; ce qu'il n'a pas pu atteindre, de si loin qu'il a pu l'apercevoir, il l'a tourné à son usage. Ainsi les astres le dirigent dans ses navigations et dans ses voyages. Ils lui marquent et les saisons et

1 Expression un peu négligée dans un morceau aussi admirable par la noblesse de la pensée que par l'énergie du style.

les heures [1]. Après six mille ans d'observations,
l'esprit humain n'est pas épuisé, il cherche et il
trouve encore, afin qu'il connaisse qu'il peut trouver jusques à l'infini, et que la seule paresse peut
donner des bornes à ses connaissances et à ses inventions.

Qu'on me montre maintenant que les animaux
aient ajouté quelque chose, depuis l'origine du
monde, à ce que la nature leur avait donné, j'y
reconnaîtrai de la réflexion et de l'invention. Que
s'ils vont toujours un même train, comme les eaux
et comme les arbres, c'est folie de leur donner un
principe dont on ne voit parmi eux aucun effet.

Et il faut ici remarquer que les animaux, à qui
nous voyons faire les ouvrages les plus industrieux, ne sont pas ceux où d'ailleurs nous nous
imaginons le plus d'esprit. Ce que nous voyons de
plus ingénieux parmi les animaux sont les réser-
voirs des fourmis, si l'observation en est véritable, les toiles d'araignées et les filets qu'elles
tendent aux mouches; les rayons de miel des
abeilles; la coque des vers à soie; les coquilles
des limaçons et des autres animaux semblables,
dont la bave forme autour d'eux des bâtiments si
ornés et d'une architecture si bien entendue. Et
toutefois ces animaux n'ont d'ailleurs aucune

---

1 Ceci rappelle les deux beaux vers de Rosset sur l'application de l'astronomie aux travaux des champs :

> Le ciel devint un livre où la terre étonnée
> Lut, en lettres de feu, l'histoire de l'année.

marque d'esprit, et ce serait une erreur que de les estimer plus ingénieux que les autres, puisqu'on voit que leurs ouvrages ont en effet tant d'esprit qu'ils les passent et doivent sortir d'un principe supérieur.

Aussi la raison nous persuade que ce que les animaux font de plus industrieux se fait de la même sorte que les fleurs, les arbres et les animaux eux-mêmes, c'est-à-dire avec art du côté de Dieu, et sans art qui réside en eux.

BOSSUET.

---

5. Les découvertes du génie.

Longtemps, ceux même qui eurent le bonheur de révéler quelques vérités importantes, n'aperçurent pas dans leur entier les grands rapports qui les unissent toutes, ni les conséquences infinies qui peuvent découler de chacune.

Il n'aurait pas été naturel que ces matelots phéniciens qui virent le sable des rivages de la Bétique se transformer au feu en un verre transparent, pressentissent aussitôt que cette matière nouvelle pourrait prolonger pour les vieillards les jouissances de la vue [1]; qu'elle aiderait l'astronome à pénétrer dans les profondeurs des cieux [2], et à nombrer les étoiles de la voie lactée; qu'elle décou-

---

[1] Invention des lunettes; [2] du télescope.

vrirait aux naturalistes un petit monde [1] aussi
peuplé, aussi riche en merveilles que celui qui
semblait seul avoir été offert à ses sens et à son
étude; qu'enfin son usage le plus simple, le plus
immédiat, procureraient un jour aux riverains de
la mer Baltique la possibilité de se construire des
palais plus magnifiques que ceux de Tyr et de
Memphis, et de cultiver [2], presque sous les glaces
du cercle polaire, les fruits les plus délicieux de
la zone torride.

Lorsqu'un bon religieux, dans le fond d'un
cloître d'Allemagne, enflamma pour la première
fois un mélange de soufre et de salpêtre, quel
mortel aurait pu lui prédire tout ce qui allait naître
de son expérience? Changer l'art de la guerre,
soustraire le courage à la supériorité de la force
physique, rétablir en Occident l'autorité des rois,
empêcher que jamais les pays civilisés ne pussent
de nouveau être la proie des nations barbares,
devenir enfin une grande cause de la propagation
des lumières, en contraignant à s'instruire, les
peuples qui jusqu'alors avaient été presque partout
les fléaux de l'instruction : telle était la destination
de l'une des plus simples compositions de la
chimie [3].

En s'élevant ainsi au-dessus de tout, la science
a tout atteint de ses regards, tous les arts lui ont

---

1 Invention du microscope; 2 des serres de l'horticul-
ture; 3 de la poudre à canon.

été soumis, l'industrie l'a reconnue pour sa régulatrice; elle a suivi et protégé l'homme dans tous ses états, et elle s'est entrelacée, de la manière la plus intime et la plus sensible, à tous les rapports de la société.

Déjà, avant qu'elle ne fut parvenue à cette hauteur de généralité, il n'avait pas été difficile de s'apercevoir que ses observations, en apparence les plus humbles, les plus indifférentes, pourraient faire naître des changements aussi importants qu'inattendus dans les usages, dans le commerce, dans la fortune publique.

Un botaniste dont à peine on sait le nom, apporta le tabac du nouveau monde en Europe, vers le temps de la Ligue; aujourd'hui cette plante donne à la France seule la matière d'un impôt [1] de cinquante millions; les autres pays de l'Europe en retirent des ressources proportionnées; jusque dans le fond de la Turquie et de la Perse, elle est devenue un grand article de commerce et d'agriculture.

Un autre botaniste, à l'époque de la Régence, fit passer à la Martinique un pied de café, de cet arbuste d'Arabie qui lui-même n'avait commencé d'être connu en Europe que dans les premières années de Louis XIV. Ce pied unique a donné tous ceux de nos îles; il a enrichi les colons. L'usage de cette graine est devenu vulgaire, et certainement

1 Il est aujourd'hui de plus de cent millions.

elle a été plus efficace que toute l'éloquence des moralistes pour détruire l'abus du vin dans les classes supérieures de la société.

Qui pourrait répondre qu'aujourd'hui même nos jardins de botanique ne recèlent pas quelque herbe méprisée, destinée à produire dans nos mœurs ou dans notre économie politique de tout aussi grandes révolutions ?

G. CUVIER.

6. Importance de l'étude de l'histoire naturelle.

Cette habitude que l'on prend nécessairement, en étudiant l'histoire naturelle, de classer dans son esprit un très-grand nombre d'idées, est l'un des avantages de cette science dont on a le moins parlé; on s'exerce par là dans cette partie de la logique qui se nomme la *Méthode*, à peu près comme on s'exerce par l'étude de la géométrie dans celle que l'on nomme syllogisme, par la raison que l'histoire naturelle est la science qui exige les méthodes les plus précises, comme la géométrie est celle qui demande les raisonnements les plus rigoureux. Or cet art de la méthode, une fois qu'on le possède bien, s'applique avec un avantage infini, aux études les plus étrangères à l'histoire naturelle. Toute discussion qui suppose un classement des faits, toute recherche qui exige une distribution des matières, se fait d'après les mêmes lois ; et tel jeune homme qui n'avait cru faire de cette science qu'un objet d'amusement est surpris lui-même, à l'essai, de la facilité qu'elle lui a procuré pour débrouiller tous les genres d'affaires.

Elle n'est pas moins utile dans la solitude ; assez étendue pour suffire à l'esprit le plus vaste, assez intéressante pour distraire l'âme la plus agitée, elle console les malheureux, elle calme les passions haineuses. Une fois élevé à la contemplation de cette harmonie de la nature irrésistiblement réglée par la Providence, que l'on trouve faibles et petits ces ressorts qu'elle a bien voulu laisser dépendre du libre arbitre des hommes !

G. CUVIER.

7. Influence de la Science sur les progrès de l'Agriculture.

Voyez ce qui s'est déjà opéré autour de nous par l'application de la science à l'agriculture et aux sciences technologiques accessoires ! A-t-on trouvé le moyen d'extraire le sucre de la betterave [1] ; nos colonies ont été mises en péril, et ne

1 Margraff, chimiste de Berlin, recommanda en 1747 la culture de la betterave pour l'extraction du sucre. En France, Chaptal, sous l'empire, MM. Crespel-Delisle, Payen, etc., de nos jours, ont apporté de grands perfectionnements à cette industrie.

se bornant pas à l'appui de la fiscalité, elles ont dû se hâter de rechercher les moyens d'extraire plus complètement le sucre de leurs cannes; le capital va peut-être doubler par l'effet de cette terreur salutaire; l'extraction de la fécule de pommes de terre et ses applications, en rendant possibles la conservation et le commerce de ce produit, a propagé la culture de cette plante et a rassuré nos populations contre la crainte des disettes [1]; le marnage, mieux connu et mieux employé, a augmenté l'étendue des cultures de froment et réduit celle des grains inférieurs [2], il a amélioré la nourriture de la nation; l'usage de la chaux appliquée aux terres a eu un effet analogue; appliqué aux semences, il en a fait disparaître le végétal parasite qui dévorait leur substance [3]; l'étude des effets des fumiers a fait connaître la perte immense que cause le retard de leur emploi [4]; un grand nombre d'engrais, mettant à profit des substances jusqu'alors dédaignées, sont venus en aide à l'agriculture et ont considérablement augmenté la production; l'observation attentive des insectes nuisibles aux plantes, nous met sur la voie des moyens de défense à opposer

[1] Il n'est plus possible de mettre une pareille confiance dans la pomme de terre depuis la désastreuse maladie dont elle est atteinte.

[2] Le seigle et le sarrazin.

[3] La carie des blés.

[4] Par la perte des gaz ammoniacaux.

aux armées innombrables de ces ennemis ; en un mot aucun de nos procédés agricoles, aucune des circonstances de la végétation n'est interrogée sans qu'il en jaillisse un perfectionnement ou une découverte.

L'agriculture élevée au niveau des autres connaissances humaines est une science sérieuse, réservée à de hautes destinées, et qui, commançant à peine à s'organiser, répand déjà ses lumières et sa vie sur le monde qui attend d'elle la subsistance de cette population nouvelle que la paix et la civilisation font pulluler de toutes parts. Ce n'est plus cette science purement descriptive et historique, se bornant à raconter les procédés en usage parmi les cultivateurs les plus soigneux ; elle a aujourd'hui la juste ambition de les devancer, de leur expliquer leurs propres opérations, de les réduire à des valeurs numériques, de leur en faire la critique, de les perfectionner, de leur en indiquer de nouvelles.

Cte DE GASPARIN.

---

8. La Prudence de caractère.

Si j'avais à indiquer la disposition personnelle la plus importante à la bonne administration d'une exploitation rurale, je nommerais, je crois, *la prudence de caractère*, et l'on pourrait dire que cette qualité dispenserait de plusieurs autres, ou du moins atténuerait les inconvénients que pourraient entraîner les défauts qui leur sont opposés.

En effet, l'homme qui se distingue par la prudence ne s'avancera jamais dans la route qu'il suit, au-delà du point qui lui est tracé par les circonstances pécuniaires de son entreprise, aussi bien que par ses facultés personnelles, tant sous le rapport de l'instruction que sous celui des dispositions intellectuelles; et s'il y a timidité à ne pas s'avancer précisément jusqu'à ce point, cette réserve entraîne infiniment moins de danger que la présomption qui nous engage à le dépasser. L'agriculture présente bien rarement de ces chances de bénéfices considérables et prompts, qui, dans d'autres branches de spéculation, viennent quelquefois couronner l'audace d'un homme entreprenant. Lorsqu'une entreprise agricole semble promettre des bénéfices de ce genre, on ne se trompe presque jamais en supposant qu'il existe, à côté des apparences par lesquelles on pourrait se laisser séduire, des circonstances qui réduiront beaucoup ou ajourneront à un temps éloigné les bénéfices qu'on a pu s'en promettre.

L'agriculture offre une chance presque certaine d'aisance et souvent de fortune dans l'avenir, à l'homme qui dirige ses pas avec prudence dans cette carrière, mais il ne faut pas, par une marche aventureuse, se placer dans une position où l'on ne pourra se soutenir que par de grands bénéfices immédiats, car, je le répète, ce sont là des chances que l'agriculture n'offre guère; aussi pour l'homme doué d'un caractère entreprenant et impatient du succès, la carrière agricole est la plus périlleuse de toutes. *Patience et Prudence* est une devise que tout jeune agriculteur devrait inscrire dans le lieu où il porte chaque matin ses premiers regards à son réveil, et il est bien rare que celui qui a négligé ces préceptes, n'ait pas fini par s'en repentir amèrement.

Mathieu de Dombasle.

9. Faute d'un loquet.

Je me souviens, qu'étant à la campagne, j'eus un exemple de ces petites pertes qu'un ménage est exposé à supporter par sa négligence. Faute d'un loquet de peu de valeur, la porte d'une basse-cour qui donnait sur les champs se trouvait souvent ouverte. Chaque personne qui sortait tirait la porte; mais n'ayant aucun moyen extérieur de la fermer, la porte restait battante : plusieurs animaux de basse-cour avaient été perdus de cette manière. Un jour un jeune et beau porc s'échappa, et gagna les bois. Voilà tous les gens en campagne : le jardinier, la cuisinière, la fille de basse-cour sortirent, chacun de leur côté, en quête de l'animal fugitif. Le jardinier fut le premier qui l'aperçut, et, en sautant un fossé pour lui barrer un passage, il se fit une dangereuse foulure qui le retint plus de quinze jours au lit. La cuisinière trouva brûlé du linge qu'elle avait abandonné près du feu pour le faire sécher, et la fille de basse-cour ayant quitté l'étable sans se donner le temps d'attacher les bestiaux, une des vaches, en son absence, cassa la jambe d'un poulain qu'on élevait dans la même écurie.

Les journées perdues du jardinier valaient bien soixante francs, le linge et le poulain en valaient bien autant. Voilà donc, en peu d'instants, faute d'une fermeture de quelques sous, une perte de cent vingt francs, supportée par des gens qui avaient besoin de la plus stricte économie, sans parler ni des souffrances causées par la maladie, ni de l'inquiétude et des autres inconvénients étrangers à la dépense.

Ce n'étaient pas de grands malheurs ni de grosses pertes; cependant, quand on saura que le défaut de soins renouvelait de pareils accidents tous les jours, et qu'il entraîna finalement la ruine d'une famille honnête, on conviendra qu'il valait la peine d'y faire attention.

J.-B. SAY.

---

10. L'empire de l'homme sur les animaux.

L'empire de l'homme sur les animaux est un empire légitime qu'aucune révolution ne peut détruire; c'est l'empire de l'esprit sur la matière; c'est non-seulement un droit de nature, un pouvoir fondé sur des lois inaltérables, mais c'est encore un don de Dieu, par lequel l'homme peut reconnaître à tout instant l'excellence de son être; car ce n'est pas parce qu'il est le plus parfait, le plus fort ou le plus adroit des animaux qu'il leur commande; s'il n'était que le premier du même ordre, les seconds se réuniraient pour lui disputer l'empire; mais c'est par la supériorité de nature que l'homme règne et commande; il *pense*, et dès-lors il est maître des êtres qui ne pensent point.

Il est maître des corps bruts qui ne peuvent opposer à sa volonté qu'une lourde résistance ou qu'une inflexible dureté, que sa main sait toujours surmonter et vaincre en les faisant agir les uns contre les autres; il est maître des végétaux, que par son industrie il peut augmenter, diminuer, renouveler, dénaturer, détruire ou multiplier à l'infini; il est maître des animaux, parce que non-seulement il a comme eux du mouvement et du sentiment, mais qu'il a de plus la lumière de la pensée, qu'il connaît les fins et les moyens, qu'il sait diriger ses actions, concerter ses opérations, mesurer ses mouvements, vaincre la force par l'esprit et la vitesse par l'emploi du temps.

BUFFON.

11. Conquête de la terre par l'éducation du chien.

Pour se mettre en sûreté, et pour se rendre maître de l'univers, il a fallu commencer par se faire un parti parmi les animaux, se concilier avec douceur et par caresses ceux qui se sont trouvés capables de s'attacher et d'obéir, afin de les opposer aux autres. Le premier art de l'homme a donc été l'éducation du chien, et le fruit de cet art la conquête et la possession paisible de la terre.

La plupart des animaux ont plus d'agilité, plus de vitesse, plus de force, et même plus de courage que l'homme; la nature les a mieux munis, mieux armés; ils ont aussi les sens, et surtout l'odorat, plus parfaits. Avoir gagné une espèce courageuse et docile comme celle du chien, c'est avoir acquis de nouveaux sens et les facultés qui nous manquent.

Les machines, les instruments que nous avons imaginés pour perfectionner nos autres sens, pour en augmenter l'étendue, n'approchent pas, même pour l'utilité, de ces machines toutes faites que la nature nous présente, et qui, en suppléant à l'imperfection de notre odorat, nous ont fourni de grands et d'éternels moyens de vaincre et de régner : et le chien, fidèle à l'homme, conservera toujours une portion de l'empire, un degré de

6

supériorité sur les autres animaux ; il leur commande, il règne lui-même à la tête d'un troupeau, il s'y fait mieux entendre que la voix du berger ; la sûreté, l'ordre et la discipline sont les fruits de sa vigilance et de son activité ; c'est un peuple qui lui est soumis, qu'il conduit, qu'il protége, et contre lequel il n'emploie jamais la force que pour y maintenir la paix.

BUFFON.

12. La France industrielle.

Il y a quelques années, je conçus le projet d'étudier la France, de connaître son sol, ses monuments, ses villes, ses hameaux, et cette vaste ceinture de fleuves, de mers et de montagnes, qui se déroulent des Pyrénées aux Alpes, de la Méditerranée à l'Océan. J'espérais un grand plaisir de cette course ; mes espérances ne furent pas trompées. Sous les climats les plus doux, je rencontrai des populations intelligentes et une singulière abondance de tous les biens de la terre. Je vis avec admiration d'innombrables vaisseaux entrer dans nos ports, et y verser les richesses des cinq parties du monde. Ces richesses, plus de cinquante mille voitures de roulage s'en emparent et les dispersent çà et là dans les pays où elles entretiennent sans cesse le mouvement et la prospérité. Ici les fers de la Normandie s'enflamment et s'amollissent sous le marteau des forgerons; là se déploient en tissus moelleux les laines d'Espagne et de cachemire; plus loin, des peuples d'ouvriers reçoivent le coton des Indes, le filent, le tissent et lui impriment les plus vives couleurs. Je trouvai établies partout de vastes manufactures dont les voûtes répétaient les chansons des ouvriers et le bruit sans repos des machines à vapeur. J'étais ravi de tant de bien-être; mais ce qui excita vivement ma surprise, ce fut de voir l'impulsion immense donnée à tout le pays par l'éducation d'un insecte [1]. Du Midi au Nord, des frontières de l'Italie aux montagnes volcaniques du Vivarais, une chenille excite partout l'activité. A Avignon, à Lisle, à Vaucluse, on dévide ses cocons. En Normandie, les doigts exercés des femmes attachent ces fils à de légers fuseaux et jettent mille gracieux dessins sur les mailles aériennes de nos blondes.

A Saint-Etienne, ces mêmes fils se tissent en rubans qui se déroulent sur toute la surface de l'Europe. A Nîmes, on en fabrique des étoffes qui bruissent et châtoient comme des métaux. A Lyon, mon beau pays, ils se déploient en velours épais, en gazes transparentes comme l'air et brillants comme la nacre, en satin, en damas, en lampas.

A Paris, enfin, la soie rivalise avec le pinceau, et va jusqu'à reproduire, sur les somptueuses

---

[1] Le ver à soie.

tentures des Gobelins [1], les tableaux des plus grands maîtres. Telle est la richesse de la France. Mais ces chefs-d'œuvre de l'art, ces prodiges de l'industrie, que sont-ils en comparaison des biens que lui prodigue la nature ? Vous y voyez tous les climats, vous y rencontrez toutes les cultures ; au midi, l'olivier, le citronnier, l'oranger ; au nord, le mélèze et le sapin, les deux extrémités de la chaîne botanique. Les arbres de la Perse et des deux Amériques viennent s'y mêler à l'orme féodal et aux chênes de la vieille Gaule ; les fruits parfumés de l'Asie, au pommier indigène ; la flore entière de l'Orient, à l'humble violette, à nos couronnes de bluets, aux bouquets champêtres de la pâquerette et de la mystérieuse verveine. Ainsi la France se couvre de productions du nouveau monde et des trésors de l'ancien. Du haut de ses coteaux chargés de vignes, des fleuves de vin coulent éternellement dans la coupe de tous les peuples, tandis que, sur ses larges plaines, les moissons ondoient, comme les flots de la mer, sous le vent qui les courbe, sous le soleil qui les mûrit.

A la vue de tant de biens, mon cœur bondissait de joie ; je m'écriais : « Chère patrie ! terre fortunée ! tu possèdes tout, richesse, intelligence, liberté. Est-il sur le globe un spectacle comparable

---

1 C'est avec la laine, non avec la soie, que se fabriquent les tapisseries des Gobelins.

à celui de ta gloire ! tu t'es dépouillée de tes su-
perstitions et de tes vices, comme on se dépouille
d'un haillon flétri ; plus de droits féodaux, plus
de corvées, plus de servage, plus de castes qui
se méprisent, plus de provinces rivales et jalouses ;
je ne vois dans ton sein qu'un peuple, et, dans
ce peuple, qu'une famille ! »

L. AIMÉ-MARTIN.

13. Ce qu'il faut de persévérance pour faire le bien.

M. Parmentier, qui avait appris à connaître la
pomme de terre dans les prisons d'Allemagne, ou
il n'avait eu souvent que cette nourriture, se-
conda les vues du ministre par un examen chi-
mique de cette racine, où il montrait qu'aucun
de ses principes n'est nuisible. Il fit mieux encore pour apprendre au peuple à y prendre goût,
il en cultiva en plein champ, dans des lieux très-
fréquentés, les faisant garder avec appareil pendant le jour seulement, heureux quand il apprenait qu'il avait excité ainsi à ce qu'on lui en vo-
lât quelques-unes pendant la nuit. Il aurait voulu
que le roi, comme on le rapporte des empereurs
de la Chine, eût tracé le premier sillon de son
champ : il en obtint du moins de porter, en
pleine cour, dans un jour de fête solennelle, un
bouquet de fleurs de pommes de terre à la bou-
tonnière, et il n'en fallut pas davantage pour en-

6 *

gager plusieurs grands seigneurs à en faire planter. Il n'est pas jusqu'à l'art de la cuisine raffinée que M. Parmentier ne voulut aussi contraindre à venir au secours des pauvres, en s'exerçant sur la pomme de terre; car il prévoyait bien que les pauvres n'auraient partout des pommes de terre en abondance, que lorsque les riches sauraient qu'elles peuvent aussi leur fournir des mets agréables. Il assurait avoir donné un jour un dîner entièrement composé de pommes de terre, à vingt sauces différentes, où l'appétit se soutint à tous les services.

Mais les ennemis de la pomme de terre, hors d'état de prouver qu'elle fait du mal aux hommes, ne se tinrent pas pour battus, ils prétendirent qu'elle en ferait aux champs et les rendrait stériles.

Il n'y avait nulle apparence qu'une culture qui aide à nourrir plus de bestiaux et à multiplier les engrais, pût jamais avoir pour résultats d'effriter le sol; néanmoins il fallut encore répondre à cette objection, et considérer la pomme de terre sous le point de vue agricole. M. Parmentier reproduisit donc, sous diverses formes, tout ce qui regarde sa culture et ses usages, même pour la fertilisation des terres; il ne se lassait point d'en parler dans des ouvrages savants, dans des instructions populaires, dans des journaux, dans des dictionnaires de tout genre.

Pendant quarante ans il n'a manqué aucune oc-

casion de la recommander, chaque mauvaise année était même pour lui une sorte d'auxiliaire,
dont il profitait avec soin, pour rappeler l'attention sur sa plante chérie. C'est ainsi que le nom
de ce végétal bienfaisant et le sien sont devenus
presque inséparables dans la mémoire des amis
des hommes; le peuple même les avait unis, et ce
n'était pas toujours avec reconnaissance.

A une certaine époque de la Révolution, l'on
proposait de porter M. Parmentier à quelque
place municipale; un des votants s'y opposait avec
fureur : « Il ne nous fera manger que des pommes
de terre, disait-il; c'est lui qui les a inventées. »

CUVIER.

14. Comment il faut aimer la campagne.

Le travail de la campagne est agréable à considérer et n'a rien d'assez pénible en lui-même pour
émouvoir à compassion; l'objet de l'utilité publique et privée le rend intéressant; et puis, c'est la
première vocation de l'homme; il rappelle à l'esprit une idée agréable, et au cœur tous les charmes
de l'âge d'or. L'imagination ne reste point froide à
l'aspect du labourage et des moissons. La simplicité
de la vie pastorale et champêtre a toujours quelque
chose qui touche. Qu'on regarde les prés couverts
de gens qui fanent et qui chantent, et des trou-

peaux épars dans l'éloignement; insensiblement on se sent attendrir sans savoir pourquoi. Ainsi quelquefois encore la voix de la nature amollit nos cœurs farouches, et quoiqu'on l'entende avec un regret inutile, elle est si douce qu'on ne l'entend jamais sans plaisir.

Les gens de la ville ne savent pas aimer la campagne; ils en dédaignent les travaux, les plaisirs, ils les ignorent; ils sont chez eux comme en pays étrangers, faut-il s'étonner s'ils s'y déplaisent? Il faut être villageois, ou n'y point aller; car qu'y va-t-on faire? les habitants de Paris, qui croient aller à la campagne, n'y vont point : ils portent Paris avec eux. Les chanteurs, les beaux esprits, les auteurs, les parasites sont le cortége qui les suit. Le jeu, la musique, la comédie y sont leur seule occupation; s'ils y ajoutent quelquefois la chasse, ils la font si commodément, qu'ils n'en ont pas la moitié de la fatigue ni du plaisir. Leur table est couverte comme à Paris; ils y mangent aux mêmes heures; on leur y sert les mêmes mets avec le même appareil; ils n'y font que les mêmes choses; autant valait y rester : car quelque riche qu'on puisse être, et quelque soin qu'on ait pris, on sent toujours quelque privation; et l'on ne saurait apporter avec soi Paris tout entier. Ainsi, cette variété qui leur est si chère, ils la fuient, ils ne connaissent jamais qu'une manière de vivre, et s'en ennuient toujours.

La simplicité de la vie pastorale et champêtre a

toujours quelque chose qui touche. On ne peut se dérober à la douce illusion des objets qui se présentent ; on oublie son siècle et ses contemporains ; on se transporte au temps des patriarches. O temps de l'innocence, où les hommes étaient simples et vivaient contents !......

J.-J. ROUSSEAU.

CINQUIÈME SECTION.

RÉCITS HISTORIQUES.

1. Un illustre laboureur.

Les Romains choisirent pour consul Quintius Cincinnatus, l'homme le plus vertueux de son temps et l'un des plus pauvres.

Dès que ce choix fut fait, le sénat dépêcha vers Quintius pour l'inviter à venir prendre possession de sa magistrature. Il était alors occupé à labourer son champ. Il conduisait lui-même la charrue, n'étant vêtu que depuis les reins jusqu'aux genoux, avec un bonnet qui lui couvrait la tête. Lorsqu'il vit venir les députés qu'on lui avait envoyés, fort surpris de cette foule de monde et ne sachant ce qu'on lui voulait, il arrêta ses bœufs. Un de la troupe s'avança, et l'avertit de se mettre dans un état plus convenable, pour recevoir un message du sénat. Il entra dans sa cabane, où il prit ses habits, et se présenta ensuite devant ceux qui l'attendaient. Il fut aussitôt salué consul. On le revêtit de la pourpre, les licteurs se rangèrent devant lui avec leurs faisceaux, et on le pria de

se rendre à Rome. Quintius, troublé et affligé, se
tut quelque temps et répandit des larmes; puis,
rompant le silence, il ne dit que ces paroles :
« Mon champ ne sera donc pas ensemencé cette
année. » Il prit congé de sa femme, et, l'ayant
chargée du soin du ménage, il s'achemina vers la
ville.

Heureux temps ! simplicité admirable ! la pauvreté pour lors était estimée, elle était en honneur, et ne paraissait point un obstacle aux premières dignités de l'Etat. La conduite que Quintius garda pendant son consulat fit bientôt voir
quelle noblesse, quelle fermeté, quelle grandeur
d'âme étaient cachées dans une vile et pauvre cabane. Il rendait la justice à tous ceux qui se pré-
sentaient; il terminait lui-même à l'amiable la
plupart des contestations. Assidu tout le jour à son
tribunal, on le trouvait toujours d'un accès facile, et, quelque affaire qu'on eût à démêler, il
avait pour chacun beaucoup de douceur et de
bonté. Comblé de louanges et de bénédictions,
devenu l'objet de l'estime, de l'admiration, de
l'amour de tous ses concitoyens, Quintius dé-
pouilla avec joie la pourpre, se hâta de retourner
à ses bœufs, à sa charrue, à sa cabane, et y vé-
cut, comme auparavant, du travail de ses mains.
Manque-t-il quelque chose à la gloire de Quintius?
Les plus grandes richesses, les plus superbes palais, les plus somptueux équipages oseraient-ils
entrer en lice avec la pauvre chaumière et l'atti-

rail rustique de notre illustre laboureur? Laissent-ils dans l'esprit de ceux qui en sont témoins les mêmes sentiments que cause au lecteur le simple récit de ce qui regarde Quintius?

ROLLIN.

2. L'Empereur de Chine laboureur.

Une maxime du gouvernement chinois est que l'empereur doit labourer la terre et que l'impératrice doit filer. L'empereur donne lui-même cet exemple aux hommes, afin qu'il n'y ait personne qui n'estime l'agriculture ; l'impératrice le donne aux femmes, pour rendre parmi elles le travail des mains plus ordinaire. Les aliments et les vêtements sont les deux choses nécessaires à la vie. Si l'homme laboure les champs, disent les Chinois, la famille aura de quoi se vêtir. Les anciens empereurs qui ont fondé cette belle monarchie ont pratiqué eux-mêmes cette coutume de labourer ; la plupart de leurs successeurs les ont imités, et le nouvel empereur déclara qu'il voulait s'y conformer tous les ans.

Cette cérémonie ne consiste pas seulement à labourer la terre, mais elle renferme encore un sacrifice que l'empereur, comme grand pontife, offre au Chang-ti, pour lui demander l'abondance en faveur de son peuple. Or, pour se préparer à ce sacrifice, il doit jeûner et garder la continence les trois jours précédents. La même préparation doit être observée par tous ceux qui sont nommés pour accompagner Sa Majesté. La veille de cette cérémonie, il choisit quelques seigneurs de la première qualité, et les envoie à la salle de ses ancêtres se prosterner devant la tablette, et les avertir, comme ils feraient s'ils étaient encore en vie, que le jour suivant il offrira le sacrifice. Voilà en peu de mots ce que le mémorial marquait pour la personne de l'empereur. Il déclarait aussi les préparatifs que les différents tribunaux étaient chargés de faire. L'un doit préparer ce qui sert aux sacrifices; un autre, composer les paroles que l'empereur doit prononcer en faisant le sacrifice; un troisième, faire dresser et porter les tentes sous lesquelles l'empereur dînera, s'il a ordonné d'y porter un repas; un quatrième doit assembler quarante ou cinquante vénérables vieillards, laboureurs de profession, qui soient présents lorsque l'empereur laboure la terre. On fait aussi venir une quarantaine de laboureurs plus jeunes pour disposer la charrue, atteler les bœufs et préparer les grains qui doivent être semés. L'empereur sème cinq sortes de grains, qui sont censés les plus nécessaires à la Chine, et sous lesquels sont compris tous les autres : le froment, le riz, le millet, la fève et une autre espèce de mil qu'on appelle cao-leang.

Ce furent là les préparatifs. Le vingt-quatrième jour de la lune, Sa Majesté se rendit avec toute la cour en habit de cérémonie, au lieu destiné à offrir au Chang-ti le sacrifice du printemps, par lequel on le prie de faire croître et de conserver les biens de la terre; c'est pour cela qu'il l'offre avant de mettre la main à la charrue. Ce lieu est une élévation de terre à quelque distance de la ville du côté du midi. Il doit avoir cinq pieds quatre pouces de hauteur. A côté de cette élévation est le champ qui doit être labouré par les mains impériales. L'empereur sacrifia, puis il descendit avec les trois princes et les neuf présidents qui doivent labourer après lui. Plusieurs seigneurs portaient eux-mêmes les coffres précieux qui renfermaient les grains qu'on devait semer. Toute la cour y assista en grand silence.

L'empereur prit la charrue et fit, en labourant, plusieurs allées et venues; lorsqu'il quitta la charrue, un prince du sang la conduisit et laboura à son tour; ainsi de suite. Après avoir labouré en différents endroits, l'empereur sema les différents grains. On ne laboure pas alors tout le champ entier, mais les jours suivants les laboureurs de profession achèvent de le labourer. Il y avait cette année là quarante-quatre anciens laboureurs et quarante-deux plus jeunes. La cérémonie se termina par une récompense que l'empereur leur fit donner. Elle est réglée. Elle consiste en quatre pièces de toile de coton teintes en couleur, qu'on donne à chacun d'eux pour faire des habits.

(Extrait des Lettres édifiantes
sur la Chine, t. XI.)

3. Fête de Cérès chez les Sabins.

Le jour de la fête était arrivé. Chez les Sabins [1] cette fête ne se célèbre point comme à Eleusis [2]. Le grand-prêtre Tullus avait supprimé tous ces mystères cachés avec tant de soin et si peu utiles au bonheur des hommes.

« La divinité, disait-il, qui se montre partout à nous, qui se manifeste à chaque instant dans les merveilles éclatantes de la nature, peut-elle exiger tant de secrets, tant de preuves pour se communiquer aux mortels? Doit-il être plus difficile de la remercier que de recevoir ses présents? Non; Cérès aime tous les hommes, puisqu'elle les nourrit tous. Le champ qu'elle couvre d'épis devient un temple pour le laboureur; et l'on doit adorer partout l'univers celle dont les bienfaits couvrent la terre. »

D'après cette idée, Tullus, de concert avec son roi, a ordonné la fête de Cérès. Chaque année, avant de commencer la moisson, tous les laboureurs, parés de leurs plus beaux habits, se rassemblent dans la ville de Cures. C'est de là qu'ils partent pour aller au temple. Les joueurs de flûte ouvrent la marche; ensuite viennent de jeunes

[1] Peuple de l'Italie centrale.

[2] Eleusis, ville de l'Attique, fondée par Ogygès 1869 ans avant J. C.

vierges portant sur leurs têtes, dans des corbeilles ornées de fleurs, des offrandes pures pour la déesse. Les enfants des laboureurs marchent après elles, vêtus de robes blanches, couronnés de bluets, conduisant le vorace animal [1] qui se nourrit des fruits du chêne. Cette troupe nombreuse, fière de garder la victime, veut affecter une gravité toujours dérangée par leur joie bruyante. Leurs pères les suivent d'un pas tardif en recommandant le silence et pardonnant d'être mal obéis. Chacun d'eux porte dans ses mains une gerbe, prémices de sa moisson. Les princes, les guerriers, les magistrats n'ont plus de rang dans ce grand jour, et cèdent le pas avec respect à ceux qui les ont nourris.

Tullus et ses prêtres étaient venus les attendre à l'entrée du bois sacré. Le jeune Numa, couronné de narcisses, vêtu d'une robe de lin, marche à côté de Tullus. On arrive au temple. Tullus se prosterne devant la déesse, et lui présentant les prémices : « Mère des humains, s'écrie-t-il, c'est toi qui fais croître ces gerbes; c'est ton père Jupiter qui nous rend pieux et reconnaissants. Dieux immortels, nous vous offrons vos propres bienfaits; ne rejetez pas nos offrandes; et que votre bonté suprême donne à nos champs l'abondance, à nos corps la force, à nos âmes la vertu. »

---

1 Le porc sacrifié à Cérès en punition des ravages qu'il cause aux récoltes.

Après cette prière, Tullus répand l'orge sacrée sur la victime; et lui tournant la tête vers le ciel, l'immole et la fait consumer tout entière.

Le sacrifice achevé, les laboureurs vont déposer leurs gerbes. « Mes frères, leur dit Tullus, car vous êtes aussi prêtres de Cérès, ces dons appartiennent à la déesse, c'est-à-dire aux indigents. Les prêtres des dieux ne sont que les trésoriers des pauvres; vous en êtes les bienfaiteurs. Nommez donc le vieillard d'entre vous qui doit veiller avec moi pendant le cours de cette année au soulagement des infortunés : il est juste que je vous rende compte des biens que vous me remettez pour eux. » Les laboureurs, qui connaissent tous la vertu de Tullus, refusent de lui donner un collègue : mais Tullus l'exige, et ce choix finit la cérémonie.   FLORIAN.

---

4. Les malheurs de Loïs.

(Légende gauloise.)

« Je chante l'aube du matin; les premiers rayons de l'aurore qui ont lui sur les Gaules, empire de Pluton; les bienfaits de Cérès, et le malheur de l'enfant Loïs. Ecoutez mes chants, Esprits [1] des

[1] La mythologie gauloise admettait, outre les dieux supérieurs Pluton et Caron, une foule de divinités particulières, de génies fantastiques qui peuplaient l'air, les collines, les forêts et les eaux.

fleuves, et répétez-les aux Esprits des montagnes bleues. »

« Cérès venait de chercher par toute la terre sa fille Proserpine; elle retournait dans la Sicile où elle était adorée. Elle traversait les Gaules sauvages, leurs montagnes sans chemins, leurs vallées désertes et leurs sombres forêts, lorsqu'elle se trouve arrêtée par les eaux de la Seine, sa nymphe changée en fleuve. »

« Sur la rive opposée de la Seine se baignait un bel enfant aux cheveux blonds, appelé Loïs. Il aimait à nager dans ces eaux transparentes et à courir sur ses pelouses solitaires. Dès qu'il aperçut une femme, il fut se cacher sous une touffe de roseaux. »

« Mon bel enfant, lui crie Cérès en soupirant, venez à moi, mon bel enfant! A la voix d'une femme affligée, Loïs sort des roseaux. Il met en rougissant sa peau d'agneau suspendue à un saule. Il traverse la Seine sur un banc de sable, et, présentant la main à Cérès, il lui montre un chemin au milieu des eaux. »

« Cérès ayant passé le fleuve, donne à l'enfant Loïs un gâteau, une gerbe d'épis et un baiser, puis lui apprend comment le pain se fait avec le blé, et comme le blé vient dans les champs. Grand merci, belle étrangère, lui dit Loïs, je vais porter à ma mère vos leçons et vos doux présents. »

« La mère de Loïs partage avec son enfant et son époux le gâteau et le baiser; le père ravi cultive un champ, sème le blé. Bientôt la terre se couvre d'une moisson dorée, et le bruit se répand dans les Gaules qu'une déesse a apporté une plante céleste aux Gaulois. »

« Près de là vivait un druide. Il avait l'inspection des forêts, il distribuait aux Gaulois, pour leur nourriture, les faînes des hêtres et les glands des chênes. Quand il vit une terre labourée et une moisson : Que deviendra ma puissance, dit-il, si les hommes vivent de froment ? »

« Il appelle Loïs. Mon bel ami, lui dit-il, où étiez-vous quand vous vîtes l'étrangère aux épis ? Loïs, sans malice, le conduit sur le bord de la Seine. J'étais, dit-il, sous ce saule argenté, je courais sur ces blanches marguerites : je fus me cacher sous ces roseaux. Le traître druide sourit : il saisit Loïs et le noie au fond des eaux. »

« La mère de Loïs ne revoit plus son fils. Elle s'en va dans les bois et s'écrie : Où êtes-vous, Loïs, Loïs, mon cher enfant ? Elle court tout éperdue le long de la Seine, elle aperçoit sur son rivage une blancheur : Il n'est pas loin, dit-elle, voilà ses fleurs chéries, ses blanches marguerites. Hélas ! c'était Loïs, Loïs, son cher enfant ! »

« Elle pleure, elle gémit, elle soupire ; elle prend dans ses bras tremblants le corps glacé de Loïs ; elle veut le ranimer contre son cœur ; mais le cœur de la mère ne peut plus réchauffer le corps du fils, et le corps du fils glace déjà le cœur de la mère : elle est près de mourir. Le druide, monté sur un roc voisin, s'applaudit de sa vengeance. »

« Les dieux ne viennent pas toujours à la voix des malheureux; mais, aux cris d'une mère affligée, Cérès apparut. Loïs, dit-elle, sois la plus belle fleur des Gaules. Aussitôt les joues pâles de Loïs se développent en calice plus blanc que la neige; ses cheveux blonds se changent en filets d'or, une odeur suave s'en exhale; sa taille légère s'élève vers le ciel; mais sa tête se penche encore sur les bords du fleuve qu'il a chéris : Loïs devient lys. »

« Le prêtre de Pluton voit ce prodige et n'en est point touché. Il lève vers les dieux supérieurs un visage et des yeux irrités; il blasphème, il menace Cérès; il allait porter sur elle une main impie, lorsqu'elle lui cria : Tyran cruel et dur, demeure ! »

« A la voix de la déesse, il reste immobile. Mais le roc ému s'entr'ouvre; les jambes du druide s'y enfoncent, son visage barbu et enflammé de colère se dresse vers le ciel en pinceau de pourpre, et les vêtements qui couvraient ses bras meurtriers se hérissent d'épines : le druide devient chardon. »

« Toi, dit la déesse des blés, qui voulais nourrir les hommes comme les bêtes, deviens toi-même la pâture des animaux, sois l'ennemi des moissons après ta mort, comme tu le fus pendant ta vie. Pour toi, belle fleur de Loïs, sois l'orne-

ment de la Seine, et que dans la main de ses rois
ta fleur victorieuse l'emporte un jour sur le gui [1]
des druides. »

BERNARDIN DE SAINT-PIERRE.

---

5. Les aventures de Mélésichthon.

Mélésichthon, né à Mégare, d'une race illustre
parmi les Grecs, ne songea dans sa jeunesse qu'à
imiter dans la guerre les exemples de ses ancêtres :
il signala sa valeur et ses talents dans plusieurs
expéditions; et comme toutes ses inclinations
étaient magnifiques, il y fit une dépense éclatante
qui le ruina bientôt. Il fut contraint de se retirer
dans une maison de campagne, sur le bord de la
mer, où il vivait dans une profonde solitude avec
sa femme Proxinoé. Elle avait de l'esprit, du courage, de la fierté [2]. Sa beauté et sa naissance l'a-
vaient fait rechercher par des partis beaucoup plus
riches que Mélésichthon; mais elle l'avait préféré
à tous les autres, pour son seul mérite. Ces deux
personnes, qui, par leur vertu et leur amitié, s'é-
taient rendues mutuellement heureuses pendant
plusieurs années, commencèrent alors à se rendre
mutuellement malheureuses, par la compassion
qu'elles avaient l'une pour l'autre. Mélésichthon

---

[1] Plante sacrée, merveilleux préservatif des maladies
et maléfices, que les Druides cueillaient en grande pompe
avec une faucille d'or.

[2] Dignité, noble fierté.

7*

aurait supporté plus facilement ses malheurs s'il eût pu les souffrir tout seul, et sans une personne qui lui était si chère. Proxinoé sentait qu'elle augmentait les peines de Mélésichthon. Ils cherchaient à se consoler par deux enfants qui semblaient avoir été formés par les Grâces. Le fils se nommait Mélibée et la fille Poéménis. Mélibée, dans un âge tendre, commençait déjà à montrer de la force, de l'adresse et du courage : il surmontait à la lutte, à la course et aux autres exercices, les enfants de son voisinage. Il s'enfonçait dans les forêts, et ses flèches ne portaient pas des coups moins assurés que celles d'Apollon [1]; il suivait encore plus ce dieu dans les sciences et dans les beaux-arts que dans les exercices du corps. Mélésichthon, dans sa solitude, lui enseignait tout ce qui peut faire aimer la vertu et régler les mœurs. Mélibée avait un air simple, doux et ingénu, mais noble, ferme et hardi. Son père jetait les yeux sur lui, et ses yeux se noyaient de larmes. Poéménis était instruite par sa mère dans tous les beaux-arts que Minerve [2] a donnés aux hommes : elle ajoutait aux ouvrages les plus exquis les charmes d'une voix qu'elle joignait avec une lyre plus touchante que celle d'Orphée [3]. A la voir, on eût cru que c'était la jeune Diane [4] sortie

[1] Dieu de la lumière, de la poésie, des beaux-arts.
[2] Déesse de la sagesse et des arts, fille de Jupiter.
[3] Célèbre poète et musicien.
[4] Déesse de la chasse, sœur d'Apollon.

de l'île flottante où elle naquit. Ses cheveux blonds
étaient noués négligemment derrière sa tête ; quel-
ques-uns échappés flottaient sur son cou au gré
des vents. Elle n'avait qu'une robe légère, avec
une ceinture qui la relevait un peu, pour être plus
en état d'agir. Sans parure, elle effaçait tout ce
qu'on peut voir de plus beau, et elle ne le savait
pas : elle n'avait même jamais songé à se regarder
sur le bord des fontaines ; elle ne voyait que sa
famille et ne songeait qu'à travailler. Mais le père,
accablé d'ennuis, et ne voyant plus aucune ressource dans ses affaires, ne cherchait que la solitude. Sa femme et ses enfants faisaient son sup-
plice. Il allait souvent sur le rivage de la mer, au
pied d'un grand rocher plein d'antres sauvages :
là, il déplorait ses malheurs, puis il entrait dans
une profonde vallée, qu'un bois épais dérobait
aux rayons du soleil au milieu du jour. Il s'asseyait
sur le gazon qui bordait une claire fontaine, et
toutes les plus tristes pensées revenaient en foule
dans son cœur. Le doux sommeil était loin de ses
yeux ; il ne parlait plus qu'en gémissant ; la vieillesse venait avant le temps flétrir et rider son
visage ; il oubliait même tous les besoins de la
vie, et succombait à sa douleur.

Un jour, comme il était dans cette vallée si profonde, il s'endormit de lassitude et d'épuisement ;
alors il vit en songe la déesse Cérès, couronnée
d'épis dorés, qui se présenta à lui avec un visage
doux et majestueux. « Pourquoi, lui dit-elle en

l'appelant par son nom, vous laissez-vous abattre aux rigueurs de la fortune ? — Hélas ! répondit-il, mes amis m'ont abandonné ; je n'ai plus de bien ; il ne me reste que des procès et des créanciers : ma naissance fait le comble de mon malheur, et je ne puis me résoudre à travailler comme un esclave pour gagner ma vie. »

Alors Cérès lui répondit : « La noblesse consiste-t-elle dans les biens ? Ne consiste-t-elle pas plutôt à imiter la vertu de ses ancêtres ? Il n'y a de nobles que ceux qui sont justes. Vivez de peu, gagnez ce peu par votre travail : ne soyez à charge à personne, vous serez le plus noble de tous les hommes. Le genre humain se rend lui-même misérable par sa mollesse et par sa fausse gloire. Si les choses nécessaires vous manquent, pourquoi voulez-vous les devoir à d'autres qu'à vous-même ? Manquez-vous de courage pour vous les donner par une vie laborieuse ? »

Elle dit, et aussitôt elle lui présenta une charrue d'or avec une corne d'abondance. Alors Bacchus [1] parut couronné de lierre, et tenant un thyrse dans sa main ; il était suivi de Pan [2], qui jouait de la flûte, et qui faisait danser les Faunes et les Satyres [3]. Pomone [4] se montra chargée de

1 Dieu des vendanges, fils de Jupiter.
2 Dieu des bergers.
3 Divinités pastorales.
4 Déesse des fruits.

fruits, et Flore [1] ornée des fleurs les plus vives et les plus odoriférantes. Toutes les divinités champêtres jetèrent un regard favorable sur Mélésichthon.

Il s'éveilla, comprenant la force et le sens de ce songe divin; il se sentit consolé et plein de goût pour tous les travaux de la vie champêtre. Il parla de ce songe à Proxinoé, qui entra dans tous ses sentiments. Le lendemain, ils congédièrent leurs domestiques inutiles; on ne vit plus chez eux de gens dont le seul emploi fut le service de leurs personnes. Ils n'eurent plus ni char ni conducteur. Proxinoé et Poéménis filaient en menant paître leurs moutons; ensuite elles faisaient leurs toiles et leurs étoffes; puis elles taillaient et cousaient elles-mêmes leurs habits et ceux du reste de la famille. Au lieu des ouvrages de soie, d'or et d'argent qu'elles avaient été accoutumées de faire avec l'art exquis de Minerve, elles n'exerçaient plus leurs doigts qu'au fuseau ou à d'autres travaux semblables. Elles préparaient de leurs propres mains les légumes qu'elles cueillaient dans leur jardin pour nourrir toute la maison. Le lait de leur troupeau, qu'elles allaient traire, achevait de mettre l'abondance. On n'achetait rien; tout était préparé promptement. Tout était bon, simple, naturel, assaisonné par l'appétit inséparable de la sobriété et du travail.

[1] Déesse des fleurs.

Dans une vie si champêtre, tout était chez eux net et propre. Toutes les tapisseries étaient vendues ; mais les murailles de la maison étaient blanches, et on ne voyait nulle part rien de sale ni de dérangé ; les meubles n'étaient jamais couverts de poussière ; les lits étaient d'étoffes grossières, mais propres. La cuisine même avait une propreté qui n'est point dans les grandes maisons ; tout y était bien rangé et luisant. Pour régaler la famille dans les jours de fête, Proxinoé faisait des gâteaux excellents. Elle avait des abeilles, dont le miel était plus doux que celui qui coulait du tronc des chênes creux pendant l'âge d'or. Les vaches venaient d'elles-mêmes offrir des ruisseaux de lait. Cette femme laborieuse avait dans son jardin toutes les plantes qui peuvent aider à nourrir l'homme en chaque saison, et elle était toujours la première à avoir les fruits et les légumes de chaque temps : elle avait même beaucoup de fleurs, dont elle vendait une partie, après avoir employé l'autre à orner sa maison. La fille secondait sa mère, et ne goûtait d'autre plaisir que celui de chanter en travaillant ou en conduisant ses moutons dans les pâturages. Nul autre troupeau n'égalait le sien : la contagion et les loups mêmes n'osaient en approcher. A mesure qu'elle chantait, ses tendres agneaux dansaient sur l'herbe, et tous les échos d'alentour semblaient prendre plaisir à répéter ses chansons.

Mélésichthon labourait lui-même son champ ;

lui-même il conduisait sa charrue, semait et moissonnait : il trouvait les travaux de l'agriculture moins durs, plus innocents et plus utiles que ceux de la guerre. A peine avait-il fauché l'herbe tendre de ses prairies, qu'il se hâtait d'enlever les dons de Cérès, qui le payaient au centuple du grain semé. Bientôt Bacchus faisait couler pour lui un nectar digne de la table des dieux. Minerve lui donnait aussi le fruit de son arbre, qui est si utile à l'homme [1]. L'hiver était la saison du repos, où toute la famille assemblée goûtait une joie innocente, et remerciait les dieux d'être si désabusée des faux plaisirs. Ils ne mangeaient de viande que dans les sacrifices, et leurs troupeaux n'étaient destinés qu'aux autels.

Mélibée ne montrait presque aucune des passions de la jeunesse : il conduisait les grands troupeaux ; il coupait de grands chênes dans les forêts ; il creusait de petits canaux pour arroser les prairies ; il était infatigable pour soulager son père. Ses plaisirs, quand le travail n'était pas de saison, étaient la chasse, les courses avec les jeunes gens de son âge, et la lecture dont son père lui avait donné le goût.

Bientôt Mélésichthon, en s'accoutumant à une vie si simple, se vit plus riche qu'il ne l'avait été auparavant. Il n'avait chez lui que les choses nécessaires à la vie ; mais il les avait toutes en abondance. Il n'avait presque de société que dans sa

---

[1] L'olivier, consacré à Minerve.

famille. Ils s'aimaient tous ; ils se rendaient mutuellement heureux ; ils vivaient loin des palais des rois et des plaisirs qu'on y achète si cher ; les leurs étaient doux, innocents, simples, faciles à trouver, et sans aucune suite dangereuse. Mélibée et Poéménis furent ainsi élevés dans le goût des travaux champêtres. Ils ne se souvinrent de leur naissance que pour avoir plus de courage en supportant la pauvreté. L'abondance revenue dans toute cette maison n'y ramena point le faste ; la famille entière fut toujours simple et laborieuse. Tout le monde disait à Mélésichthon : « Les richesses rentrent chez vous ; il est temps de reprendre votre ancien éclat. » Alors, il répondait ces paroles : « A quoi voulez-vous que je m'attache, ou au faste qui m'avait perdu, ou à une vie simple et laborieuse qui m'a rendu riche et heureux ? » Enfin, se trouvant un jour dans ce bois sombre où Cérès l'avait instruit par un songe si utile, il s'y reposa sur l'herbe avec autant de joie qu'il y avait eu d'amertume dans le temps passé. Il s'endormit, et la déesse, se montrant à lui comme dans son premier songe, lui dit ces paroles : « La vraie noblesse consiste à ne rien recevoir de personne et à faire du bien aux autres. Ne recevez donc rien que du sein fécond de la terre et de votre propre travail. Gardez-vous bien de quitter jamais, par mollesse ou par fausse gloire, ce qui est la source naturelle et inépuisable de tous les biens. »   FÉNELON.

SECTION SUPPLÉMENTAIRE.

TRADUCTIONS DE MORCEAUX ÉTRANGERS ET VIEUX LANGAGE FRANCAIS.

---

1. Hymne au Créateur,

(Poésie hébraïque.)

O mon âme, bénis le Seigneur ! Jéhovah ! mon Dieu, que tu es grand !

Tu es revêtu de lumière, et tu as étendu les cieux comme un manteau; tu marches sur les nues; tu voles sur l'aile des vents.

Tu as affermi la terre sur ses fondements, et elle ne vacillera point jusqu'à la consommation des siècles.

Comme d'un vêtement tu l'as entourée des eaux qui ruissellent sur les flancs des montagnes, afin que les bêtes des champs et les chevaux sauvages se désaltèrent.

Les airs se sont peuplés des oiseaux du ciel, et du haut des rochers descendent leurs chants joyeux.

Le monde entier se nourrit des œuvres de ta main ; les troupeaux de l'herbe des champs ; l'homme du grain que tu fais germer, du vin dont tu réjouis son cœur.

Tu nourris les arbres de la forêt et les cèdres du Liban que tu as plantés, et les petits oiseaux viennent nicher sur leurs branches.

La lune sait quand elle doit paraître, le soleil où il doit se coucher.

Tu as fait la nuit pendant laquelle les bêtes fauves se répandent, pendant laquelle les lionceaux rugissent en cherchant la proie que tu leur prépares.

Mais le soleil se lève et ils rentrent dans leurs tanières ; l'homme sort alors et travaille tout le jour.

Que tes œuvres, Seigneur, sont magnifiques ; combien tu as tout ordonné avec sagesse ! Tu as répandu la vie sur la terre entière.

Toutes les créatures attendent de toi leur nourriture ; tu leur donnes, elles ramassent ; tu ouvres la main, elles sont rassasiées.

Que tu détournes ta face et elles tombent dans la confusion ; que tu retires ton souffle et elles retournent en poussière. Mais tu envoies ton Esprit, et la vie renaît, et la face de la terre est renouvelée.

Les cieux racontent la gloire de Jéhovah, et le firmament révèle l'œuvre de ses mains ; le jour le dit au jour, la nuit l'annonce à la nuit.

Les langues diffèrent, mais quel peuple ne comprend pas cette grande voix de la création ?

Sur toute la terre, et jusqu'aux extrémités du monde, ses paroles sont entendues.

(Psaumes de David, XVIII, 1-7.)

---

2.   La Moisson.

(Littérature grecque.)

Les moissonneurs travaillent, la faux à la main, dans un enclos couvert d'une abondante récolte, et, le long des sillons, font tomber en gerbes les nombreux épis ; d'autres avec des liens attachent les javelles ; il y a trois botteleurs que suivent des enfants qui ramassent les gerbes, les portent dans leurs bras, et sans relâche les mettent en monceaux. Au milieu de ses serviteurs, le roi de ce champ, debout sur les sillons, appuyé sur son sceptre, les regarde en silence, et se réjouit en son cœur. A l'écart, les hérauts préparent sous un chêne un abondant repas ; ils ont sacrifié un énorme taureau qu'ils apprêtent ; les femmes les secondent en saupoudrant les chairs de blanche farine.

(Iliade, chant XVIII.)

3. Le Jardin d'Alcinous.

(Littérature grecque.)

En dehors de la cour, et non loin des portes du palais, est un vaste jardin de quatre mesures ; de toutes parts une haie l'enserre, et des arbres d'une riche sève y croissent chargés des plus beaux fruits : de poires, de grenades, de magnifiques oranges, de douces figues et d'olives verdoyantes. Jamais ces trésors ne tarissent. Ni l'hiver ni les longues chaleurs de l'été ne leur nuisent. Toujours le souffle de Zéphire fait mûrir les uns, tandis que les autres se forment. A la poire flétrie succède la poire nouvelle, l'orange remplace l'orange ; la figue une autre figue, et la grappe une autre grappe. Sur les rameaux de la vigne féconde, les raisins sont à la fois desséchés au soleil en un lieu dégagé de feuillage, ou cueillis, ou pressurés ; à côté du raisin à peine hors de fleur, se colore le raisin déjà mûr. Enfin, à l'extrémité de l'enclos, un potager abonde toute l'année en légumes divers. Deux fontaines répandent leurs ondes : l'une au travers d'un jardin entier, l'autre sous le seuil de la cour devant le superbe palais, et les citoyens viennent y puiser. Tels sont les nobles présents que les dieux ont faits à l'illustre Alcinous.

(Odyssée, chant VII.)

4. Le Vieillard cilicien.

(Littérature romaine.)

Autrefois, il m'en souvient, près des superbes tours de Tarente, dans ces champs couverts de moissons dorées, qu'arrose le noir Galèse, je vis un vieillard cilicien, possesseur de quelques arpents d'une terre abandonnée, qui n'était propre ni au labourage, ni à la pâture, ni à la vigne : cependant quelques légumes y avaient pris, par ses soins, la place des buissons ; ses planches étaient bordées de lis, de verveines et de pavots nourrissants. Ces richesses égalaient à ses yeux l'opulence des rois ; et chaque soir, de retour dans son modeste asile, il chargeait sa table de mets qu'avait créés son industrie. Les premières roses du printemps, les premiers fruits de l'automne se cueillaient chez lui ; et, quand le triste hiver fendait encore les pierres, et enchaînait d'un frein de glace le cours des ruisseaux, déjà il émondait la tête de ses acanthes, accusant la lenteur des zéphyrs et de la douce saison. Aussi voyait-il, le premier, sortir de nombreux essaims de ses ruches fécondes, et le miel mousser en coulant à grands flots de ses pressoirs. Le tilleul et le pin lui offraient partout leur ombrage ; et chaque fleur, dont au printemps s'embellissaient ses arbres fertiles, lui donnait en automne un fruit dans sa maturité.

Il avait même transplanté, en allées régulières, des ormes déjà vieux, des poiriers durcis par les ans, des pruniers épineux portant déjà des fruits, et des platanes qui couvraient déjà de leur ombre hospitalière les buveurs altérés.

(Géorgiques, livre IV.)

5. Le Laboureur.

(Littérature chinoise.)

Ce n'est point chez le laboureur qu'on entend les soupirs et les larmes de la douleur. L'aimable innocence, le travail et la modération assurent la tranquillité de sa vie ; les songes mêmes n'oseraient inquiéter son sommeil par des images lugubres. Sa maison rustique n'est bâtie que de briques cuites au soleil ; des branches d'arbres et le chaume en forment le toit ; les portes en ferment mal l'entrée, mais la douce paix n'en sort jamais et lui prodigue ses biens. Favori de la nature, il jouit d'un solstice à l'autre, du spectacle de toutes ses beautés.

C'est pour lui que le printemps se couronne de fleurs et pare les campagnes. Les oiseaux des bois lui donnent des concerts, et l'aurore récrée sa vue par des tableaux que le courtisan n'a jamais vus. L'été mûrit ses moissons et ses fruits, l'automne remplit ses greniers. Que ses plaisirs sont aimables et tranquilles ! A table avec ses en-

fants et leurs épouses, il s'amuse de leurs dis-
putes folâtres, et chante avec eux à pleine voix.
On ne voit pas sur sa table de vins parfumés des
rives du Kiang, mais celui qu'il boit flatte son
palais. C'est son épouse qui a cuit les mets qu'il a
devant lui; son appétit et sa santé les assaisonnent.
C'est sa fille qui a conservé les prunes qu'on lui
présente et qu'il partage avec ses petits-fils. Heureux époux! heureux père! son univers est dans
sa maison; il est aimé, il aime, on lui fait des
caresses, et il les rend. Tous ses regards trouvent
des yeux contents. Son cœur toujours épanoui,
croît en sensibilité et en tendresse avec le nombre
d'enfants dont ses brus l'environnent. Les plaisirs
de la paternité renaissent pour lui. Il s'égaye avec
ses petits-fils, il les porte entre ses bras; il essuie
leurs larmes avec ses baisers, et les premiers fruits
qu'il cueille sont pour eux.

Qui se contente de peu est riche; le champ
qu'il cultive lui suffit. Tandis qu'il laboure et sème
avec ses fils, sa femme et ses brus filent le chanvre,
le coton, la soie, et lui préparent des habits. Le
dos de son bœuf lui sert de bateau pour passer la
rivière, et sa solitude le délivre des importuns.

Lui vient-il un ami, il l'embrasse, cause avec
lui, et l'invite à un frugal repas; quelques volailles
font le régal; toute la famille est réunie autour de
la table. Celui qui arrive le dernier trouve encore
du vin et augmente la joie; on se sépare en se
promettant de se revoir. « Jusqu'où êtes-vous al-

» lés? dit le père à ses fils, qui l'ont reconduit
» par honneur. Vous ne sauriez trop lui témoigner
» votre respect et votre estime ; c'est un bon ami.
» Il pouvait s'élever par les lettres, et entrer dans
» les emplois ; il a mieux aimé vivre en sage au
» village : écoutez ses conseils après ma mort, et
» honorez-le comme moi. »

Le reste de la soirée se passe à honorer cet hôte. La nuit arrive, on brûle des odeurs pour honorer le Tien [1]. Chacun se retire et va dormir tranquillement sous la sauvegarde des chiens. Chaque jour se ressemble et ne prend rien sur le suivant.

(Poésie chinoise.)

6. Herminie chez les Bergers.

(Littérature italienne.)

Cependant Herminie, presque inanimée, est emportée par son destrier dans l'épaisseur d'une antique forêt. Ses mains tremblantes ont cessé de gouverner les rênes. Le coursier fuit, se précipite, fait tant de détours, qu'enfin elle disparaît aux regards de ses ennemis, dont les efforts sont désormais inutiles.

Pleins de colère, épuisés de lassitude, la honte sur le front, ils retournent à leur poste. Tels après une chasse longue et difficile, les chiens, qui ont

1 Le Dieu de l'univers, le principe de toute chose.

perdu dans les bois la trace de la bête qu'ils poursuivaient, reviennent haletants et découragés. Herminie ne s'arrête point; craintive, épouvantée, elle n'ose même pas regarder en arrière pour voir si on la menace encore.

Toute la nuit, tout le jour, elle erre à l'aventure et sans guide, ne voyant que ses pleurs, n'entendant que ses cris. Enfin, à l'heure où le soleil détèle les coursiers de son char lumineux pour se plonger au sein des flots, elle arrive sur les bords du limpide Jourdain, met pied à terre et se couche sur le rivage.

Elle ne se repaît que de ses douleurs, et ne s'abreuve que de ses larmes. Mais le sommeil qui, avec le repos, accorde aux humains l'oubli de leurs peines, vient assoupir ses sens et la couvre doucement de ses ailes bienfaisantes.

Elle s'éveille au moment où les oiseaux saluent par leur gazouillement le retour de l'aurore; elle entend le murmure des eaux et du feuillage, et le zéphyr qui se joue avec l'onde et les fleurs. Elle ouvre des yeux languissants et porte ses regards sur les cabanes solitaires des bergers; elle croit entendre à travers le fleuve et ces rameaux une voix qui s'unit à ses plaintes et à ses soupirs.

Ses larmes coulent. Tout à coup ses gémissements sont interrompus par des chants mêlés aux accords des musettes champêtres. Elle se lève, s'approche à pas lents, et voit assis à l'ombre d'un arbre un vieillard entouré de son troupeau. Il tresse des corbeilles d'osier et écoute les chants de trois jeunes bergers.

L'aspect subit d'un guerrier inconnu les effraie; mais Herminie, découvrant sa chevelure d'or et ses beaux yeux, les salue avec grâce et les rassure. « Heureux bergers! mortels chéris des dieux! continuez, leur dit-elle, vos paisibles travaux. Je ne vous apporte pas la guerre, je ne viens point troubler vos plaisirs ni interrompre vos ouvrages!

» O mon père! ajoute-t-elle, comment, au milieu du vaste incendie qui dévore ces contrées, pouvez-vous vivre tranquille en ce séjour, sans rien souffrir des fureurs de la guerre?

— » Mon fils, lui répond le vieillard, ma famille et mes troupeaux ont échappé jusqu'ici aux injures et aux ravages. Le bruit des combats n'a point encore épouvanté notre solitude.

» Le ciel veille sur l'humble innocence des pasteurs et les protége. Peut-être que, semblable à la foudre qui frappe les cimes des montages et épargne les vallons, la fureur des épées étrangères n'atteint que la tête altière des rois. Notre pauvreté vile et méprisée ne tente point d'avides soldats.

» Cette pauvreté tant dédaignée est cependant si chère à mon cœur, que je ne désire ni les sceptres ni la richesse. Les tourments de l'ambition, les soucis de l'avarice, n'ont point pénétré dans mon âme tranquille. Cette eau limpide étanche ma soif, et je ne crains pas qu'une main ennemie y jette des poisons. Mes brebis, mon jardin, fournissent à ma table frugale des mets qui ne m'ont coûté que de légères peines.

» Nos besoins sont bornés, car nous avons peu de désirs. Je n'ai point d'esclaves; mes enfants me secondent et sont les gardiens fidèles de mes troupeaux. Dans cette retraite écartée, où je coule des jours si heureux, je vois les cerfs et les chevreaux bondir dans la plaine, les poissons se jouer dans les ondes et les oiseaux voltiger dans les airs.

» Jadis livré aux illusions de la jeunesse, je connus d'autres passions; je méprisai la houlette des bergers, je quittai le lieu de ma naissance; je vécus quelque temps à Memphis. Serviteur du roi, je fus admis dans les palais, et quoique simple intendant des jardins, je vis, je connus l'injustice des cours.

» Egaré par une trompeuse espérance, je supportai longtemps les rebuts et les dégoûts; puis, avec mes beaux jours s'évanouirent mon espoir et ma présomption. Je regrettai les loisirs de cette vie modeste; je soupirai après le repos que j'avais perdu; je dis adieu aux grandeurs, et, rendu à ces bois amis, j'y retrouvai des jours heureux. »

Tandis qu'il parle, Herminie, immobile, attentive, écoute ces sages et paisibles discours. Son âme est émue, les sons de cette voix calment l'agitation de ses sens. Puis, après de longues réflexions, elle se détermine à rester dans cette so-

'litude au moins jusqu'à ce que le destin protége son retour.

« O bon vieillard ! trop heureux d'avoir autrefois connu la disgrâce ! si le ciel ne t'envie point cette douce destinée, aie pitié de mes malheurs ! reçois-moi dans cet asile, je veux y vivre près de toi. Peut-être sous ces ombrages mon cœur sera-t-il soulagé du poids qui l'accable.

» Si tu aimes l'or et les pierreries que le vulgaire adore, je pourrai satisfaire et combler tous tes vœux. » A ces mots, des larmes s'échappent de ses beaux yeux. Elle raconte une partie de ses aventures, et le vieillard compatissant pleure de ses larmes.

Puis il la console doucement, lui témoigne la tendresse d'un père et la conduit auprès de sa vieille épouse, que le ciel avait douée d'un cœur tel que le sien. La fille des rois revêt de rustiques habits et couvre ses cheveux d'un voile grossier. Mais à son regard, à sa démarche, on voit qu'elle n'est pas une habitante de ces forêts.

Ces vils habits n'effacent point son éclat, sa grâce et sa fierté. La majesté perce encore sur son visage, dans ses gestes, au milieu de ces humbles travaux. La houlette à la main, elle conduit ses troupeaux dans les pâturages et les ramène dans les bergeries. Elle exprime le lait de leurs mamelles, le recueille et presse le laitage épaissi.

Le Tasse.
(Jérusalem délivrée.)

7. La Fenaison & la Tonte.

(Littérature anglaise.)

Déjà tout le village s'est rassemblé dans la riante prairie. Bruni par les travaux du milieu du jour, image de la force et de la santé, déjà le jeune faucheur a commencé son ouvrage. La faneuse le suit, le teint animé par l'ardeur du travail et les feux du soleil. La vieillesse même prend ici sa part de la tâche commune. Le faible enfant essaie de traîner le long râteau; ou, surchargé de l'herbe odoriférante, il succombe et roule avec son doux fardeau. Le fourrage épais tombe et se range par ondes sous la faulx affilée. Tantôt l'essaim laborieux s'avance sur une ligne, tantôt il se disperse sur le vaste tapis, et l'abondante récolte étendue aux rayons du soleil répand ce parfum champêtre qui embaume et rafraîchit les airs. Bientôt le foin séché roule comme de sombres vagues, et sous les râteaux qui l'entraînent reparaît une verdure naissante. Enfin, il s'amoncelle; la meule s'élève gaiement et s'arrange avec art, tandis que les échos des vallons sont réveillés par les chants réunis de la joie et du travail heureux.

La troupe infatigable quitte les prés dépouillés et vole à son troupeau. Secondée par ses chiens obéissants, elle le chasse vers l'étang profond, où le ruisseau, las de sa course errante, vient reposer ses ondes. Une des rives s'élève et forme un précipice; l'autre, semée de cailloux polis, s'étend et présente un accès facile. C'est sur le bord du précipice que les bergers poussent les moutons effrayés. Mais quelle peine, quel tumulte, quels cris! Les hommes, les enfants, les chiens furieux, tourmentent long-temps l'animal doux et timide avant qu'il ose con-fier aux flots son épaisse fourrure. Souvent le pâtre impatient saisit les plus lâches et les préci-pite dans l'étang. Alors, les autres enhardis ne balancent plus; ils se plongent au milieu des vagues, et nagent en haletant vers la rive oppo-sée : exercice pénible, qui cesse enfin quand leur toison profondément abreuvée paraît sans tache, et quand l'onde sale et troublée a chassé la truite de son secret asile. Appesantis, dégouttants de toutes parts, ils montent lentement sur le coteau. Là, ils présentent leurs robes enflées au souffle des vents et à la chaleur du soleil. Palpitants en-core de trouble et d'effroi, cherchant en vain la cause de ce tumulte affreux et des outrages qu'ils viennent de souffrir, ils font retentir les cam-pagnes de leur plainte; le rocher la renvoie au rocher voisin, et un bêlement continuel circule autour des collines. Mais bientôt, éblouissants comme la neige, les moutons réunis se pressent entre les claies du parc, et leurs têtes sans nombre sont portées les unes sur les autres.

Les bergers, assis sur plusieurs rangs, font réson-ner les larges ciseaux sous la pierre aiguisante; et la vigilante ménagère, au milieu de ses compagnes vêtues des couleurs les plus gaies, s'apprête à rouler les toisons de sa riche récolte. Cependant, la tâche joyeuse s'avance : les uns remuent la poix bouillante, les autres tiennent le fer qui va imprimer le chiffre du maître sur les flancs de la brebis docile. Ici, plusieurs se réunissent pour amener le mouton rebelle qui refuse de livrer sa toison. Là, fier de sa force naissante, l'enfant veut traîner par les cornes le bélier indigné. Jetez les yeux sur ce groupe d'animaux couchés sur la verdure, garrottés, dépouillés de leurs robes par l'homme, ce maître superbe, dépendant de tout ce qui l'entoure, assiégé par tous les besoins. Quelle douceur ! quelle patience ! Leur air triste est l'expression du reproche, leur silence est la plainte de l'innocence. Rassurez-vous, paisibles créatures : ce n'est pas le couteau de l'horrible boucher qui se promène sur votre corps tremblant; c'est le fer du fermier qui vous aime et craint de vous blesser. Quand pour payer sa dette annuelle il aura emprunté cette fourrure qui pour vous n'était plus qu'un fardeau, il vous renverra bondir sans crainte sur vos vertes collines.

Scène pastorale et simple, d'où cependant s'élève la solide grandeur de l'Angleterre. C'est avec ces trésors champêtres qu'elle s'enrichit des productions des plus beaux climats; qu'elle jouit de tous les bienfaits du soleil, sans être exposée à la violence de ses feux ; que dans toutes les parties de son heureux sol fleurissent à l'envi l'agriculture, l'industrie et les arts; qu'elle promène son redoutable tonnerre sur toute l'étendue des mers; qu'enfin elle conserve l'empire de l'Océan et le respect du monde.

J. THOMSON.
(Les Saisons.)

---

8. Myrtile.

(Littérature allemande.)

Pendant une belle soirée, Myrtile était allé visiter l'étang voisin, dont les eaux réfléchissaient l'éclat de la lune. Le calme profond des campagnes éclairées par cette douce lumière, et les tendres accents du rossignol l'avaient retenu longtemps plongé dans un ravissement tranquille; mais il revint enfin dans le berceau de pampres verts situé devant sa cabane solitaire. Il trouva son vieux père qui sommeillait paisiblement au clair de la lune. Le vieillard était couché sur le gazon : sa tête grise était appuyée sur une de ses mains. Myrtile s'arrêta devant lui, les bras croisés l'un sur l'autre; il garda longtemps cette posture; sa vue restait constamment fixée sur son père; seulement il regardait de temps en temps le ciel à travers le feuillage, et des larmes de joie coulaient de ses yeux.

« O toi, dit-il, toi que j'honore le plus après les dieux ! ô mon père, comme tu reposes doucement !

que le sommeil du juste est riant ! Tu as sans doute porté tes pas chancelants hors de la cabane, pour célébrer le soir par de saintes prières, et tu te seras endormi en priant. Tu auras aussi prié pour moi, ô mon père ! ah ! que je suis heureux ! les dieux entendent ta prière ; car, autrement, pourquoi notre cabane serait-elle à l'abri de tout danger et ombragée par des rameaux courbés sous le poids de leurs fruits ? Pourquoi la bénédiction du ciel serait-elle sur nos troupeaux et sur les productions de nos champs ? Lorsque, satisfait de mes faibles soins pour le repos de ta vieillesse cassée, tu verses des larmes de joie ; lorsqu'en tournant tes regards vers le ciel tu me donnes ta bénédiction d'un air content, ah ! mon père ! de quels sentiments je suis alors pénétré ! Ma poitrine s'enfle et des larmes pressées ruissellent de mes yeux ! Encore aujourd'hui, quittant mes bras pour aller hors de la cabane te ranimer à la chaleur du soleil, et contemplant autour de toi le troupeau bondissant sur le gazon, les arbres chargés de fruits et la fertilité répandue sur toute la contrée : « Mes cheveux, disais-tu, sont blanchis dans la joie. Campagnes chéries, soyez bénies à jamais ! Mes regards obscurcis n'ont pas encore longtemps à vous parcourir ; bientôt je vous quitterai pour d'autres campagnes plus heureuses ! » Ah ! mon père ! mon meilleur ami ! je dois donc bientôt te perdre ! O triste pensée ! alors, hélas ! j'érigerai un autel à côté de ta tombe, et toutes les fois qu'il me luira un jour propice où j'aurai pu faire du bien à quelque infortuné, ô mon père ! je répandrai du lait et des fleurs sur ton monument. »

Il se tut et regarda le vieillard avec des yeux mouillés de larmes. Comme il est étendu paisiblement ! comme il sourit au milieu de son sommeil. « Ah ! sans doute, ajouta-t-il en sanglotant, ses actions vertueuses retracées dans ses songes, ont fait monter sur son front l'expression de sa bienfaisance. Quel doux éclat la lune répand sur sa tête chauve et sur sa barbe argentine ! Oh ! puissent les vents frais du soir, puisse la rosée humide ne te faire aucun mal ! » A ces mots, il lui baise le front pour l'éveiller doucement, et le conduit dans sa cabane pour lui procurer, sur des peaux molles, un sommeil plus commode.

S. Gessner.
(Idylles.)

9. Les Pâtres des Alpes.

(Littérature allemande.)

Dès que l'âpre vent du Nord quitte l'empire des airs, et que la sève ranimée circule dans tous les êtres ; quand le sein de la terre se décore des nouvelles parures qu'un doux zéphir lui apporte sur ses ailes embaumées, les pâtres abandonnent les basses régions où la neige commence à rouler en ondes troublées, et courent sur les Alpes pour trouver la première herbe dont la pointe s'élève à travers les glaces. Les troupeaux quittent les étables et saluent avec joie la montagne, où la nature et le printemps s'unissent pour leurs plaisirs. Lorsque l'alouette, en célébrant l'aube matinale, annonce au monde le premier regard de la lumière, le pasteur s'arrache des bras de sa compagne qui maudit l'instant du départ, et pourtant s'y prépare; une troupe nonchalante de génisses, à la marche pesante, gravit avec de joyeux mugissements le sentier plein de rosée; elles errent lentement là où le trèfle et le séséli abondent, et fauchent d'une langue avide le tendre gazon, tandis que le pâtre, assis près d'une cascade, fait retentir les échos du son de sa trompe d'écorce. Quand les ombres commencent à s'allonger et que l'astre du jour s'incline vers son frais asile, les troupeaux, rassasiés et les flancs gonflés de pâture, reprennent avec de confus bêlements le chemin de l'étable accoutumée. L'épouse du pâtre accueille d'un doux sourire le retour de son époux. La troupe joyeuse des enfants environne le père et se joue autour de lui. La douce écume du lait ruisselle dans les doigts de la ménagère; le repas du soir est préparé, la troupe heureuse l'entoure, le travail et la faim assaisonnent ce que la simplicité a préparé; enfin, le sommeil et son divin repos les délassent sur leur couche rustique.

A. HALLER.

10. Variété & richesse des Fruits.

Le jardin fruictier ou verger est une mesnagerie [1], pour sa noblesse, pour la variété et richesse
de ce qu'elle contient, très-requise [2] d'un chacun,
et recherchée de toute sorte d'hommes habitans
des villes et des champs. En la cognoissance des-
quelles qualités, tant plaisantes et utiles, l'homme
de gentil [3] esprit se délectera, considérant les
arbres fruictiers dès leur origine. Car depuis leur
première jeunesse, jusques à leur dernière vieillesse, en tous temps et toutes saisons, vestus et
dépouillés de fueille, donnent matière de conten-
tement : pour leurs salutaires ombrages de l'esté,
asseuré rempart contre les vents de l'hyver, et
joyeuse retraicte des oiseaux durant l'année. Les
jettons qu'ils repoussent à la primevère [4], comme
reprenans nouvelle vie, sortans du profond sommeil de l'hyver : les fleurs dont ils se parent,
avant-coureuses de leurs richesses : en somme,
tout ce qui est en eux, jusques à la cheute des
fueilles, est agréable.

Du fruict, est-il possible de dire ce qui en est?

1 *Mesnagerie*, partie du ménage champêtre.
2 Estimé.
3 Esprit cultivé, délicat.
4 Printemps.

Ne se peuvent publier, ne de vifve voix, ne par
escrit, toutes les races des fruicts, leurs espèces,
leurs différences, en matières, figures, couleurs,
gousts, senteurs, ne les discerner exactement par
leurs noms, estant ce un abisme de bien dont
Dieu nous comble. Seulement dirons-nous à leur
louange, qu'ils surpassent tous autres de la terre,
en cette qualité, que de sortir immédiatement des
arbres, prests à mettre dans la bouche, sans aucune sujection, ains [1] seulement de ce soin, que
de les retirer des bras de leur mère. Et si encores
le cueillir semble trop importun [2], le fruict cherra
de lui-mesme, relevant l'homme de telle peine.
Plusieurs peuples imitans nos premiers pères,
tirent leur vie des seuls arbres : les pommes,
poires, cormes [3], prunes, et semblables fruicts,
donnent aussi et à manger et à boire à aucuns.

Bref, il semble que la Nature ait ici publié son
chef-d'œuvre, voulant que toute autre victuaille [4]
cède aux fruicts des arbres. Car ni le pain, ni la
chair, ni le poisson, ne sont présentés à manger
que cuits et appareillés en cuisine, là où les fruicts
comparaissent sur la table des rois et princes,
tout cruds, sans fard, ne déguisement aucun :
encore en leur simplicité, emportent-ils le prix,

1 Mais.

2 *Importun*, embarrassant.

3 *Cormes*, fruit du cormier ou sorbier (sorbus domes-
tica).

4 *Victuailles*, aliments, vivres, provisions.

tant leurs gousts sont treuvés précieux, surpassans tout autre délicatesse. Plus rare présent ne pourriés-vous faire à vos amis, que de fruits exquis : voire [1] les plus grands seigneurs ont accoustumé de recevoir humainement [2] le plain panier d'abricots bien choisis, et la douzaine de poires ou prunes de remarque, que l'homme vertueux leur offre, tant petit soit-il.

OLIVIER DE SERRES.

11. Imprévoyance des pères de famille.

Ie m'esmerueille d'vn tas de fols laboureurs, qui soudain qu'ils ont vn peu de bien, qu'ils auront gagné auec grand labeur en leur ieunesse, ils auront apres honte de faire leurs enfans de leur estat de labourage, ains les feront du premier iour plus grands qu'eux-mesmes, les faisans communement de la pratique [3], et ce que le pauure homme aura gagné à grande peine et labeur, il en despendra vne grand'partie à faire son fils Monsieur, lequel Monsieur aura en fin honte de se trouuer en la compagnie de son père, et sera desplaisant qu'on dira qu'il est fils d'vn laboureur. Et si de cas fortuit, le bon homme a certains autres enfans, ce sera ce Monsieur là qui mangera les

1 *Voire*, même.
2 Avec bonté.
Profession de procureur, de notaire.

autres, et aura la meilleure part, sans auoir es-
gard qu'il a beaucoup cousté aux escholes pendant
que ses autres freres cultiuoient la terre auec leur
pere. Et en cependant, voila qui cause que la terre
est le plus souvent auortée, et mal cultiuee, parce
que le mal-heur est tel, qu'vn chacun ne demande
que viure de son reuenu, et faire cultiuer la terre
par les plus ignorans, chose malheureuse. A la
mienne volonté, disois-je lors, que les hommes
eussent aussi grand zele, et fussent aussi affec-
tionnez au labeur de la terre, comme ils sont af-
fectionnez pour acheter les offices, benefices et
grandeurs, et lors la terre seroit benite, et le labeur de celuy qui la cultiueroit, et lors elle pro-
duiroit ses fruits en sa saison.

BERNARD PALISSY.

TABLE DES MATIÈRES.

---

1. MORCEAUX RELIGIEUX.

1. Action universelle de la Providence 1
2. Spectacle de l'univers........................ 2
3. La raison humaine contemplant les œuvres de Dieu 4
4. Source des merveilleuses inventions de l'homme.. 5
5. Influence morale de la vie champêtre........... 7
6. Existence de Dieu 8
7. Les Rogations............................... 12
8. Image de la vie humaine 15
9. Prière d'un vieillard......................... 17
10. Invocation à la paix......................... 19

2. TABLEAUX DE LA NATURE.

1. Fécondité de la terre......................... 21
2. La nature sauvage 24
3. La nature cultivée............................ 27
4. Aspect du ciel 28
5. Les plantes 29
6. La vallée de Tempé.......................... 31
7. Le langage mystérieux des bois............... 32
8. Le lever du soleil 34
9. Le cheval................................... 35
10. Le bœuf 36

11. La chèvre et la brebis.................................... 38
12. Les cris des volailles 39
13. L'oie.. 40
14. Les abeilles... 41
15. L'approche de l'hiver................................ 42

3. SCÈNES DE LA VIE CHAMPÊTRE.

1. Aspect enchanteur de la campagne au retour du printemps 46
2. Joies rustiques et joies urbaines 50
3. La retraite de Rollin 53
4. Le troupeau bien gardé........................ 55
5. La présence du maître pendant la moisson....... 56
6. A un vieux laboureur.......................... 58
7. Un séjour à la campagne...................... 60
8. Conseils à un roi sur la protection due à l'agriculture................................... 62
9. Visite au verger paternel..................... 64
10. La ferme.................................... 67
11. Sources de l'aisance et du bonheur dans la médiocrité................................ 68
12. Ancienneté et excellence de la vie agricole 70

4. MAXIMES ET RÉFLEXIONS.

1. Dignité de la profession agricole 78
2. Folles tendances à déserter les champs pour le séjour des villes... 79
3. L'amour de la patrie......................... 80
4. L'esprit humain est inépuisable, l'instinct des animaux est aveugle 84
5. Les découvertes du génie..................... 86
6. Importance de l'étude de l'histoire naturelle...... 89
7. Influence de la science sur les progrès de l'agricult[re] 90

8. La prudence de caractère........... 92
 9. Faute d'un loquet........ 94
10. L'empire de l'homme sur les animaux 95
11. Conquête de la terre par l'éducation du chien.... 97
12. La France industrielle...... 98
13. Ce qu'il faut de persévérance pour faire le bien.... 101
14. Comment il faut aimer la campagne 103

5. RÉCITS HISTORIQUES.

1. Un illustre laboureur................ 106
2. L'empereur de Chine laboureur................ 108
3. Fête de Cérès chez les Sabins............. ... 111
4. Les malheurs de Loïs 113
5. Les aventures de Mélésichton 117

6. TRADUCTIONS DE MORCEAUX ÉTRANGERS ET VIEUX LANGAGE FRANÇAIS.

1. Hymne au Créateur..................... 125
2. La moisson........................... 127
3. Le jardin d'Alcinous.................... 128
4. Le vieillard cilicien...................... 129
5. Le laboureur......................... 130
6. Herminie chez les bergers 132
7. La fenaison et la tonte 137
8. Myrtile............................. 140
9. Les pâtres des Alpes 142
10. Variété et richesse des fruits 144
11. Imprévoyance des pères de famille........... 146

FIN DE LA TABLE

OUVRAGES DU MÊME AUTEUR.

Cours élémentaire d'Agriculture, conforme au programme officiel d'Enseignement primaire. Ouvrage approuvé et recommandé par les Préfets de l'Oise et de la Somme pour les écoles rurales et les bibliothèques municipales, et honoré d'une médaille d'argent par le Comice de Lille. — Un vol. in-18, 2ᵉ édition. Prix : 0ᶠ 50ᶜ.

Cours élémentaire de Culture potagère, contenant les procédés modernes pour obtenir abondamment les meilleurs légumes, à l'usage des familles et des écoles rurales. — Un vol. in-18. Prix : 0ᶠ 60ᶜ.

Traité élémentaire des Animaux domestiques, contenant la description, la multiplication, l'élevage, l'alimentation, les emplois et produits divers du cheval, du bœuf, du porc et du mouton. — Un vol. in-18. Prix : 0ᶠ 60ᶜ. (Sous presse.)

Choix de Poésies sur la vie rurale, extraites des classiques français, ouvrage de lecture et de récitation approuvé par S. Em. le Cardinal Archevêque de Bordeaux, et par NN. SS. les Evêques de Beauvais et de Saint-Dié. — Un vol. in-18. Prix : 0ᶠ 60ᶜ.

Memento rustique, résumé méthodique des données et des faits qui ont le plus d'importance en pratique. — Un vol. in-18. Prix : 0ᶠ 60ᶜ.

Beauvais, Imp. C. Moisand.